Springer Fachmedien Wiesbaden GmbH

Themenplan Mathematik

Mathematik griffbereit

Grundkurs

Brücke zur Höheren Mathematik
Grundbegriffe der Mathematik
Analysis
Funktionentheorie
Lineare Algebra
Analytische Geometrie
Vektoren
Wahrscheinlichkeitstheorie
Topologie
Numerische Mathematik
Einführung in die Differentialgeometrie
Ebene Geometrie

Aufbaukurs

Höhere Algebra
Funktionalanalysis
Variationsrechnung
Distributionen
Gruppentheorie
Projektive Geometrie
Höhere Geometrie (mit Differentialgeometrie)
Logik
Kombinatorische Zahlentheorie
Integral und Maß

(Über die bereits erschienenen Titel informiert
das neueste Rowohlt-Verzeichnis)

 **Springer Fachmedien Wiesbaden GmbH**

«rororo vieweg» wird vom Rowohlt Taschenbuch Verlag in Zusammenarbeit mit dem Verlag Vieweg herausgegeben. Das Programm umfaßt die Gebiete Mathematik, Physik, Chemie und Biologie und wird abgerundet durch die Bände «Basiswissen», in denen fachübergreifende Themen und wissenschaftstheoretische Grundlagen behandelt werden. Die Studienkomplexe der einzelnen Fächer gliedern sich in Grundkurse, Aufbaukurse und begleitende Kompendien, in denen der Stoff «griffbereit» dargestellt ist.

«rororo vieweg» wendet sich vor allem an den Studenten der mathematischen, naturwissenschaftlichen und technischen Fächer, aber auch an den Schüler der Sekundarstufe II, der sich auf sein Studium vorbereiten will. Darüber hinaus möchte «rororo vieweg» auch dem Mathematiker, Naturwissenschaftler und Ingenieur in Lehre und Praxis die Möglichkeit bieten, sein Wissen anhand einer organisch aufgebauten Arbeitsbibliothek ständig zu ergänzen und es über das eigene Spezialgebiet hinaus auf dem neuesten Stand zu halten.

Ernst Kunz

Ebene Geometrie

Axiomatische Begründung
der euklidischen und
nichteuklidischen Geometrie

Mit 15 Bildern und 97 Figuren

Mathematik
Grundkurs

Springer Fachmedien Wiesbaden GmbH

Dr. rer. nat. Ernst Kunz ist ord. Professor am
Mathematischen Institut der Universität Regensburg

(Eine Kurzbiographie des Autors steht auf Seite 146)

Redaktion: Verlag Vieweg, Wiesbaden

Veröffentlicht im Rowohlt Taschenbuch Verlag GmbH,
Reinbek bei Hamburg, Mai 1976
© Springer Fachmedien Wiesbaden 1976
Ursprünglich erschienin bei Vieweg Verlag 1976
Alle Rechte vorbehalten
Umschlagentwurf Werner Rebhuhn
Satz Vieweg, Braunschweig

ISBN 978-3-528-07226-1   ISBN 978-3-322-85031-7 (eBook)
DOI 10.1007/978-3-322-85031-7

Inhaltsverzeichnis

Raffael: Euklid mit vier Schülern (vier Stufen der Erkenntnis darstellend)
Ausschnitt aus dem Fresko «Die Schule von Athen» (1509–1510)

Der aller scharff sinnigst Euclides / hat den grundt
der Geometria zůsamē gesetzt wer den selben woll versteht / der darff diser
hernach geschrieben ding gar nit / dann sie sind alleyn den
iungen vnd denen so sonst niemande haben
der sie trewlich vnderweyst geschryben.

A. Dürer: Einleitung zu [6]

Vorwort

Dieses Taschenbuch ist aus einer Vorlesung hervorgegangen, die ich an der Universität Regensburg für Studierende gehalten habe, die Lehrer an Gymnasien oder Realschulen werden wollen. In dieser Vorlesung hatte ich mir vorgenommen, einen strengen axiomatischen Aufbau der euklidischen Geometrie zu geben, wobei die Beziehung zur Schulgeometrie immer sehr eng bleiben sollte. Es sollte ein Axiomensystem angegeben werden, durch das die ebene euklidische Geometrie eindeutig festgelegt wird, und es sollte versucht werden, ausgehend von den Axiomen, rigorose Beweise für einige klassische Sätze zu geben, die in der Schulgeometrie eine wichtige Rolle spielen. Darüber hinaus war beabsichtigt, die gegenseitige Unabhängigkeit der Axiome zu diskutieren und insbesondere — als ein Hauptanliegen der Vorlesung — die Unabhängigkeit des euklidischen Parallelenaxioms von den übrigen Axiomen der euklidischen Geometrie zu beweisen durch Konstruktion des Poincaréschen Modells für die nichteuklidische (hyperbolische) Geometrie. Ausblicke auf andere Geometrien, meist in Übungen behandelt, sollten den Vorlesungsstoff ergänzen.

Bei den Hörern der Vorlesung handelte es sich um Studierende, die bereits ein Studienjahr in Mathematik absolviert hatten und bei denen Vertrautheit mit der modernen mathematischen Denkweise, der mengentheoretischen Sprache und Grundtatsachen der Analysis und linearen Algebra vorausgesetzt werden konnte.

Das Taschenbuch, das den Inhalt der Vorlesung wiedergibt, richtet sich an einen ähnlichen Personenkreis. (Beim Schreiben des Textes hatte der Autor als typischen Leser einen Studierenden der Mathematik im dritten Fachsemester vor Augen). Entsprechend der Intention dieser Taschenbuchreihe, ein ziemlich breites Publikum anzusprechen, ist die Darstellung sehr ausführlich und möglichst elementar gehalten; gewisse Teile des Textes können mit ganz geringen Vorkenntnissen gelesen werden. Über den logischen Aufbau des Buches informiert die Einleitung. Eine Liste der ohne Erläuterung verwendeten Begriffe aus der Mengenlehre, der Analysis und der linearen Algebra befindet sich auf Seite 138 f.

Im Zusammenhang mit der Reform des Unterrichts in der Oberstufe der Gymnasien wird seit einiger Zeit die Einführung neuer Unterrichtsgegenstände diskutiert, zu denen u. a. die „Inzidenzgeometrie" und die „nichteuklidische Geometrie" gehören und die in „Leistungskursen" für Mathematik unterrichtet werden sollen. Das Taschenbuch soll dem Leser eine erste Einführung in diese Gebiete vermitteln. Es enthält, was nach Meinung des Autors jedem Lehrer an einer höheren Schule über die axiomatische Grundlegung der Geometrie bekannt sein sollte. Es möchte ferner dazu beitragen, daß der Leser die Diskussion um den neuen Unterrichtsstoff sachkundig zu verfolgen vermag und daß er ihn als Lehrer auch unterrichten kann, sofern diese Gegenstände in den Lehrplan übernommen werden.

Nach Ansicht des Autors sollte dies jedoch nur dann geschehen, wenn die gründliche Behandlung wichtiger traditioneller Unterrichtsgebiete wie z. B. der Infinitesimalrechnung und analytischen Geometrie nicht beeinträchtigt wird, da diese Gebiete mehr mathematische Substanz und viel mehr Anwendungen innerhalb und außerhalb der Mathematik besitzen als es z. B. für die Inzidenzgeometrie der Fall ist.

Bei der Vorbereitung dieses Taschenbuchs haben mir die Herren Dipl.-Math. A. Axenbeck und H. Pöschl geholfen, die viele Verbesserungsvorschläge beitrugen. Frau K. Zirngibl hat das Manuskript ebenso schnell wie sorgfältig druckfertig gemacht. Diesen Mitarbeitern spreche ich für Ihre Mühe meinen herzlichen Dank aus.

Regensburg, Oktober 1975   *Ernst Kunz*

Einleitung

Vor etwa 2300 Jahren hat Euklid das mathematische Wissen seiner Zeit in seinen Elementen [7] zusammengetragen. In den ersten sechs Büchern der Elemente hat er insbesondere die ebene Geometrie entwickelt nach einer Methode, die seitdem für die ganze Mathematik charakteristisch geblieben ist. Die Geometrie wurde gegründet auf gewisse Axiome, also Aussagen, die als evident angenommen wurden. Aus diesen wurden Schlußfolgerungen gezogen, wobei nur solche Tatsachen als bewiesen gelten sollten, die sich mit rein logischen Schlüssen ohne Verwendung der Anschauung aus den Axiomen oder aus schon bewiesenen Sätzen herleiten ließen. Das Werk Euklids blieb über Jahrtausende hinweg ein Vorbild wissenschaftlicher Strenge. Auch heute ist der Mathematikunterricht in den Schulen noch immer stark von Euklid beeinflußt.

Es blieb allerdings nicht verborgen, daß die Grundlegung der Geometrie bei Euklid Mängel aufwies. So wurde bemerkt, daß Euklid einige Axiome übersehen hatte, daß er stillschweigend Annahmen machte, die nicht als Axiome aufgezählt waren, die sich andererseits auch nicht beweisen ließen. Darüber hinaus wurde die Frage untersucht, ob wirklich alle Axiome Euklids notwendig waren oder ob sich einige von ihnen als Sätze aus den andern herleiten lassen. Vor allem war es ein seit dem Altertum diskutiertes Problem, ob Euklids Parallelenaxiom nicht eine Folge der übrigen Axiome ist.

I. Toth (vgl. [21] und [22]) hat darauf hingewiesen, daß diese Frage sogar schon vor Euklid gestellt worden war und daß die Möglichkeit ins Auge gefaßt wurde, es könne vom logischen Standpunkt aus Geometrien geben, in denen das Parallelenaxiom gilt und solche, in denen es nicht gilt. Im 19. Jahrhundert wurde dies dann auch bestätigt durch C. F. Gauß, J. Bolyai und I. Lobatschewski, die voneinander unabhängig zeigten, daß es eine Geometrie gibt, in der alle Axiome erfüllt sind, welche der euklidischen Geometrie zu Grunde liegen, nur nicht das Parallelenaxiom.

Nach Vorarbeiten vieler Mathematiker wurde im Jahre 1899 durch D. Hilbert in seinem berühmten Buch „Grundlagen der Geometrie" [11] eine Neubegründung der Geometrie vorgenommen, in der die bei Euklid entdeckten Mängel beseitigt wurden und in dem die Geometrie auf die Mengenlehre und formale Logik gegründet wurde. Hilbert gab ein Axiomensystem für die euklidische Geometrie an, von dem man heute glaubt, daß es alle der euklidischen Geometrie zu Grunde liegenden unbeweisbaren Annahmen auch wirklich enthält.

Im folgenden soll nach dem Vorbild Hilberts ein solcher Aufbau der ebenen euklidischen Geometrie dargestellt werden. Wir gehen dabei aus vom Mengenbegriff, den wir in naiver Weise verwenden. Wir denken uns also die Grundlegung der Mengenlehre bereits vollzogen. Im übrigen werden nur wenige Begriffe der Mengenlehre wie etwa „Teilmenge", „Abbildung", „Äquivalenzrelation" usw. benutzt werden (siehe Zusammenstellung S. 138). Ebenfalls ohne weitere Rechtfertigung verwenden wir

logische Schlußweisen in der in der Mathematik gebräuchlichen Form.[1]) Außerdem
soll das System der reellen Zahlen bereits begründet sein: Begriffe wie Stetigkeit und
Limes werden ohne weitere Erläuterung verwendet. Aus der elementaren Algebra
werden der Gruppenbegriff und einige wenige seiner Eigenschaften vorausgesetzt.

Auf diesen Grundlagen aufbauend, geben wir Axiome an, die der ebenen euklidischen Geometrie zugrunde liegen. Diese Axiome sind in Abteilungen zusammenge-
faßt: Inzidenzaxiome, Streckenaxiome, Bewegungsaxiome, metrische Axiome; hinzu
kommt schließlich noch das Parallelenaxiom. Beim Fortschreiten im Text werden
jeweils Sätze bewiesen, die sich aus den bis dahin eingeführten Axiomen ergeben.
Dies hat natürlich den Vorteil, daß die Sätze in allen Geometrien gelten, in denen die
bis dahin betrachteten Axiome gültig sind. Wenn alle Axiome bis auf das Parallelenaxiom eingeführt sind, ergeben sich so z. B. Sätze der „absoluten Geometrie", d. h.
Sätze, die gleichzeitig für die euklidische und die nichteuklidische Geometrie richtig
sind. Im wesentlichen werden nur solche Sätze aus den Axiomen hergeleitet, die
später einmal benötigt werden, um (in § 7) das Hauptergebnis dieses Teils des
Buches zu beweisen, nämlich, daß die angegebenen Axiome die euklidische Geometrie — bis auf Isomorphie — eindeutig bestimmen.

Zu den einzelnen Axiomgruppen werden zahlreiche Beispiele (Modelle) gebildet,
in denen die Axiome entweder erfüllt oder verletzt sind. Die erste Sorte von Beispielen soll zeigen, daß sich die Axiome oft auf viele Arten erfüllen lassen, die
zweite Sorte dient dazu, Unabhängigkeitsbeweise für die Axiome zu führen. Um
genügend viele Beispiele bilden zu können, machen wir in diesem Zusammenhang
etwas mehr Gebrauch von Tatsachen der linearen Algebra (wenn auch nur in bescheidenem Umfang). Wir verwenden z. B. affine Ebenen über beliebigen Körpern.
Das umfangreichste dieser Beispiele nimmt die Paragraphen 8—10 ein: Es handelt
sich um die Diskussion des Poincaréschen Modells für die nichteuklidische Geometrie. Hier verwenden wir die komplexen Zahlen und (ebenfalls in bescheidenem
Umfang) einfache Tatsachen der reellen Analysis.

Den meisten Paragraphen sind am Schluß Ausblicke auf Gebiete, die nicht im Text
behandelt werden, angefügt und es werden Vorschläge für weitere Studien gemacht.
Große Themenkreise, die in diesem Buch höchstens gestreift werden, sind z. B.:
Affine und projektive Geometrie, endliche Geometrien, höherdimensionale Geometrie, elliptische Geometrie, Beziehungen zur Differentialgeometrie, Geometrie
und Wirklichkeit, historische Entwicklung der Geometrie. Das Büchlein von Klingenberg [13] gibt einen breiten Überblick über das Gesamtgebiet der Geometrie. Es
werde ebenfalls hingewiesen auf das klassische Buch [12] von Felix Klein, in dem
auch viel Historisches zu finden ist.

Die Übungen am Schluß der einzelnen Paragraphen sollen dem Leser Gelegenheit
geben, sich mit einigen Tatsachen vertraut zu machen, die im Text nicht vor-

---

[1]) Mit den logischen Schlußweisen der Mathematik und anderen Grundbegriffen der mathematischen Logik befaßt sich das Buch von W. Schwarz, *Brücke zur höheren Mathematik*, rororo
vieweg Bd. 22.

kommen, und sein Verständnis des Textes zu überprüfen. Die Aufgaben besitzen unterschiedlichen Schwierigkeitsgrad. Bei manchen liegt der Nachdruck nur darauf, für eine bekannte geometrische Tatsache einen formal korrekten Beweis aus den Axiomen und den schon vorliegenden Sätzen zu geben. Erfahrungsgemäß ist ja vorurteilsloses logisches Schließen gerade in den Anfangsgründen der synthetischen Geometrie besonders schwierig, weil man nur zu leicht glaubt, daß eine anschaulich klare Tatsache keines Beweises mehr bedarf.

Eanfang thut not / so man die iungen / messen will le-
ren das sie wissen. was der grund sey darauß man mißt / vnd wie da gemessen wirdet
Es sey eyn newerdachts oder forgemachtes ding. Dreyerley ding sind zumessen. Erst-
lich ein leng die weder breyt noch dick ist. Darnach eyn lenge die ein breyten hat. Zum
dritt ein lenge die ein breyte vñ dicken hat. Diser aller ding anfang vñ end sind punck-
tel. Aber eyn punckt ist ein solch ding / das weder Größ Leng Breyt oder Dicken hat. Vnd ist doch ein
anfang vnd ende aller leiblichen ding die man machen mag oder die wir in vnserm sinnen erdencken
mügen / Wie dan das die hochverstendigen / diser kunst woll wissen / vnd darumb erfüllt keyn puncke
keyn stat. Dann er ist vnzerteylich vnnd er mag doch auß vnsern sinnen oder gedancken / an alle end
oder ort gesetzt werden / Daß ich mag mit dem synn ein puncten hoch in lüffte werffen / oder in die tieff-
sen fellen / da bey ich doch mit dem leib nit reichen kan. Aber damit die iungen verstendig in gebrauch-
licher arbeyt werden / So will ich jnen den punckel als ein gemel mit eim tupff / einer federn fürsetzen
Vnd das wort punckt darbey schreiben / damit der punckt bedeyt wirdet punckt/   . Wenn nun diser punckt / von seinem ersten anfang / an eyn ander ende gezogen wirdet / so heyst es eyn Lini / vnnd
dise Lini ist eyn lenge / an alle dicke vnd breyten / vnd mag gezogen werden so lang man will . Dise
Lini will ich mit einem geradenstrich hie entgegen mit der federn auffreissen / vnnd den namen Lini
darauff schreiben/ ——————————— Auff das die vnsichtig Lini durch den geraden riß
im gemüt verstan   l   den werd / Dann durch solche weyß muß der inner-
lich verstand in eussern werck angezeigt werden / Darumb will ich alle ding die ich in diesem büchlin
beschreib auch darneben auffreissen auff das mein darthon die iunge zu einer einbildung vor augen
sehen / Vnnd deß baß begreiffen. Nun ist zu mercken das die Lini mancherley weyß gezogen mügen
werden / vnnd sonderlich sind dreyerley Linien / darauß vil zumachen ist. Zum Ersten ist eyn gerade
Lini / Zum Andern die Circkellini darnach ist noch eyn krume Lini / die angeferde mit der hand / oder
von punckt zu punckt gezogen mag werden / wie dan das etlich kunst anzeygen / dardurch mancherley verendrung komen/ Aber diese krume Lini / weyß ich nit baß zu nennen dañ eyn Schlangen Lini/
darumb das sie hyn vnd her gezogen mag werden wie man will / Des zu klarem verstand / hab ich
sie hie vnden auffgerissen vnd jre namen auff egliche geschrieben.

Eyn gerade Lini/   Eyn zirckel Lini/   Eyn schlangen Lini/

A. Dürer (1525)

§ 1. Punkte und Geraden

In der ebenen Geometrie beschäftigt man sich zunächst mit Punkten und Geraden. Was sind „Punkte", was „Geraden"? Der Leser versuche sich zu erinnern, wie er selbst einmal zum Begriff des Punktes und der Geraden gekommen ist.

Bei Euklid [7] lesen wir: „Ein Punkt ist etwas, das keine Teile hat". Wir können dies jedoch nicht als Definition ansehen, sondern nur als einen Versuch, eine intuitive Vorstellung davon zu wecken, was ein Punkt sein soll. Perron [19] hat folgende „Definition" vorgeschlagen: „Ein Punkt ist genau das, was sich der intelligente, aber harmlose, unverbildete Mensch darunter vorstellt". In der Tat scheint es so zu sein, daß sich jedermann dasselbe unter einem Punkt vorstellt.

Für den rein logischen Aufbau der Geometrie spielt es in Wirklichkeit gar keine Rolle, was Punkte und Geraden an sich sind. Worauf es ankommt sind die *Beziehungen* der Punkte und Geraden zueinander. Dies ist der Standpunkt, der von Hilbert besonders betont wurde. Bei einem solchen Aufbau der Geometrie muß man nach einem Ausspruch Hilberts „jederzeit an Stelle von „Punkte, Geraden, Ebenen" „Tische, Stühle, Bierseidel" sagen können". Man drückt dies heutzutage so aus:

a) Gegeben sei eine Menge E, deren Elemente *Punkte* (von E) genannt werden.

Mit den Geraden verfährt man analog. Jedoch sollen sich die Geraden aus Punkten zusammensetzen:

b) Gegeben sei ferner eine Menge G von Teilmengen von E, deren Elemente *Geraden* (von E) genannt werden.

Wir werden in Zukunft Punkte immer mit großen Buchstaben (P, Q, A, B, C, ...), Geraden mit kleinen Buchstaben (g, h, ...) bezeichnen.

Welche Beziehungen zwischen Punkten und Geraden bestehen sollen, wird durch einige *Axiome* geregelt. Diese Axiome geben anschaulich klare Sachverhalte wieder. In der Auswahl der Axiome steckt eine gewisse Willkür, was jedoch unerheblich ist, wenn sich am Schluß jeweils das gleiche System von Sätzen, also die gleiche „Geometrie" ergibt.

Wir verwenden folgende Axiome:

A1) Zu je zwei Punkten A, B $\in E$ gibt es eine Gerade g $\in G$ mit A, B $\in$ g.

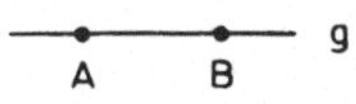

Fig. 1

A2) Zu zwei verschiedenen Punkten A, B $\in E$ gibt es höchstens eine Gerade g $\in G$ mit A, B $\in$ g.

A3) Auf jeder Geraden liegen mindestens zwei verschiedene Punkte.

A4) Es gibt drei Punkte in E, die nicht auf einer Geraden liegen.

Fig. 2

Wir nennen die obigen Axiome (Hilberts) *Inzidenzaxiome*.

Definition 1.1. Ein Paar (E, G), wobei E und G wie in a) und b) gegeben sind und wobei die Inzidenzaxiome A1)–A4) erfüllt sind, heißt eine *Ebene*.

Dieser Begriff „Ebene" ist sehr allgemein (und entsprechend inhaltsarm); er hat nur wenig mit dem zu tun, was man sich anschaulich unter einer Ebene vorstellt. Man sollte das Wort „Ebene" hier auch nur auffassen als eine Abkürzung für den längeren Ausdruck „eine Struktur, die den Inzidenzaxiomen genügt". In den folgenden Beispielen werden wir sehen, daß es zahllose „Ebenen" sehr unterschiedlichen Charakters gibt (Man nennt solche Beispiele auch „Modelle" für das Axiomensystem):

Beispiele

1) E sei eine Menge mit genau 3 Elementen, G die Menge aller zweielementigen Teilmengen von E. Das Paar (E, G) erfüllt dann offensichtlich die Axiome A1)–A4) und ist daher eine Ebene- und zwar eine Ebene mit der kleinstmöglichen Punktzahl. Wir können uns diese Ebene durch Skizzen wie

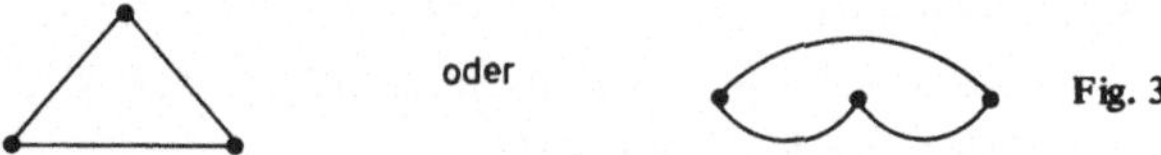

oder

Fig. 3

veranschaulichen.

Ein allgemeineres Beispiel erhält man, wenn man von einer beliebigen Menge E mit mindestens 3 Punkten ausgeht und G definiert als die Menge aller zweielementigen Teilmengen von E.

2) Ebenen mit 4 Elementen werden durch die folgenden Schemata gegeben:

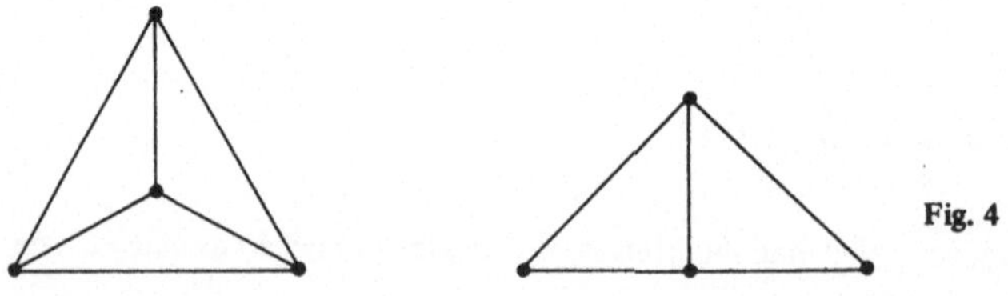

Fig. 4

Diese beiden Ebenen scheinen uns wesentlich verschieden zu sein, denn die eine enthält eine Gerade mit 3 Punkten, die andere nicht. Der Begriff des Isomorphismus von Ebenen (Def. 1.6) dient dazu, zu präzisieren, wann Ebenen als „im wesentlichen gleich" oder „wesentlich verschieden" angesehen werden sollen.

3) In diesem Beispiel sei K ein beliebiger (kommutativer) Körper und $E := K^2 = \{(x, y) \mid x, y \in K\}$. Eine Teilmenge $g \subset E$ heißt *Gerade*, wenn es Elemente a, b, $c \in K$ gibt mit $(a, b) \neq (0, 0)$, so daß gilt:

$$g = \{(x, y) \mid ax + by = c\}.$$

$aX + bY = c$ heißt dann eine *Gleichung der Geraden* g. Sie ist bis auf Multiplikation mit einem Faktor $\neq 0$ aus K eindeutig bestimmt, denn eine weitere Gleichung $a'X + b'Y = c'$ besitzt genau dann die gleiche Lösungsmenge g, wenn sich die beiden Gleichungen nur um einen Faktor $\neq 0$ aus K unterscheiden, wie man aus der Theorie der linearen Gleichungssysteme weiß oder sich auch sofort überlegt.

Sind $A = (x_1, y_1)$ und $B = (x_2, y_2)$ zwei Punkte aus E und ist $A \neq B$, dann ist

$$(y_2 - y_1) X - (x_2 - x_1) Y = y_2 x_1 - x_2 y_1$$

Gleichung einer Geraden durch A und B, wie man durch Einsetzen der Punkte sofort erkennt. A1) ist somit erfüllt.

Ist $aX + bY = c$ Gleichung einer beliebigen Gerade g mit $A, B \in g$, dann sieht man aus dem linearen Gleichungssystem

$$ax_1 + by_1 - c = 0$$
$$ax_2 + by_2 - c = 0,$$

weil $(x_1, y_1, -1)$ und $(x_2, y_2, -1)$ linear unabhängig sind, daß (a, b, c) bis auf einen Faktor $\neq 0$ eindeutig durch A und B bestimmt sind. Also ist A2) erfüllt.

Ist in der obigen Gleichung etwa $a \neq 0$ und setzt man für Y irgendein $y \in K$ ein, so kann man eindeutig nach X auflösen. Die Punkte einer Geraden entsprechen also umkehrbar eindeutig den Elementen von K. Da K mindestens zwei Elemente enthält, nämlich 0 und 1, ist auch A3) erfüllt. A4) ergibt sich, weil die Punkte $(0, 0), (1, 0)$ und $(0, 1)$ nicht auf einer Geraden liegen.

Wir nennen die so erhaltene Ebene die *affine Ebene über K* und bezeichnen sie mit $\mathbb{A}^2(K)$. (Für den allgemeinen Begriff einer affinen Ebene vgl. man Übungsaufgabe 2)).

4) Ist (E, G) eine beliebige Ebene, so kann man sich weitere Ebenen verschaffen, indem man eine beliebige Teilmenge $E' \subset E$ hernimmt, die nicht in einer Geraden enthalten ist und G' definiert als die Menge der Durchschnitte $g \cap E'$, wobei g alle Geraden von E durchläuft, die E' in mindestens zwei Punkten schneiden. Dann erfüllt auch (E', G') die Inzidenzaxiome.

5) Sei $E = S^2 := \{(x, y, z) \in \mathbb{R}^3 \mid x^2 + y^2 + z^2 = 1\}$ die *Einheitssphäre* in $\mathbb{R}^3$. G sei die Menge aller *Großkreise* auf S^2, d. h. der Durchschnitte von S^2 mit den „Ebenen" $aX + bY + cZ = 0$ $((a, b, c) \neq (0, 0, 0))$. Man stellt leicht fest, daß die

Axiome A1), A3) und A4) erfüllt sind, nicht aber A2), denn durch einen Punkt und seinen „Antipodenpunkt" auf S^2 lassen sich unendlich viele „Geraden" legen. Die „sphärische Geometrie" ordnet sich somit nicht unserem Axiomensystem unter.

Beschränkt man sich jedoch auf eine „Halbsphäre", etwa $E = \{(x, y, z) \in \mathbb{R}^3 \mid x^2 + y^2 + z^2 = 1, z > 0\}$ und nimmt man als Geraden von E die Durchschnitte der Großkreise, die E treffen, mit E, so erhält man ein weiteres Beispiel für eine Ebene.

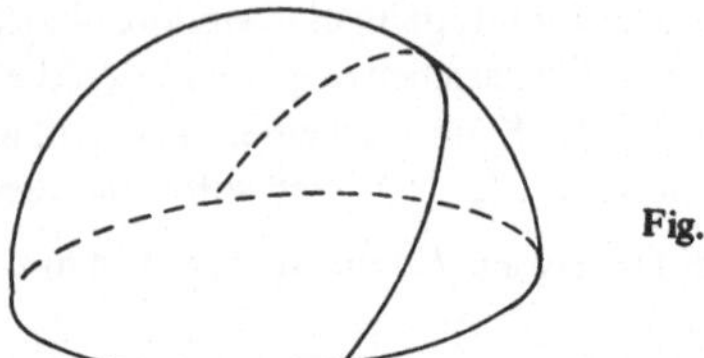

Fig. 5

Eine andere Möglichkeit, von S^2 zu einer Ebene überzugehen, ist die folgende: E soll aus allen Mengen $\{P, Q\}$ bestehen, wobei $P, Q \in S^2$ Antipodenpunkte sind (d. h. ist $P = (x, y, z)$, dann ist $Q = (-x, -y, -z)$). Man „identifiziert" also Antipodenpunkte. Die Geraden in E sollen die Punktmengen sein, die man beim Identifizieren aus den Großkreisen von S^2 bekommt. Die Inzidenzaxiome sind jetzt erfüllt und wir erhalten eine (projektive) Ebene (zur Definition einer projektiven Ebene vgl. Übungsaufgabe 4)).

Nachdem wir uns anhand dieser (teilweise recht abstrakten) Beispiele von der Allgemeinheit des Begriffs „Ebene" überzeugt haben, wollen wir jetzt darangehen, die Inzidenzaxiome zu diskutieren.

Die Aussagen der Axiome A1)–A4) lassen sich nicht beweisen, noch nicht einmal, wenn man jeweils die drei übrigen voraussetzt. Das Axiomensystem enthält keine überflüssigen Axiome. Dies besagt

Satz 1.2. Die Axiome A1)–A4) sind unabhängig (d. h. keines ist eine Folge der drei übrigen).

Beweis. Man zeigt dies dadurch, daß man Modelle angibt, in denen jeweils drei der Axiome erfüllt sind, nicht aber das vierte. In unserem Fall ist dies sehr einfach:

a) E sei eine dreipunktige Menge, G enthalte nur eine Gerade, die aus zwei Punkten besteht

Fig. 6

Hier sind alle Axiome erfüllt, nur nicht A1).

b) E sei eine Menge mit 4 Elementen A, B, C, D. Geraden sollen folgende Teilmengen sein: {A, B, C}, {B, C, D}, {A, D}.

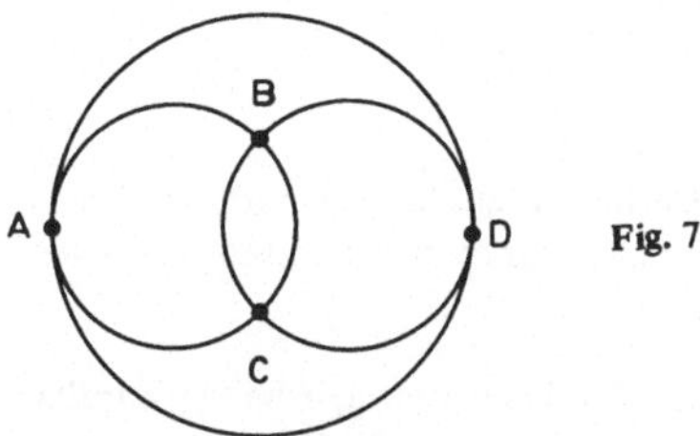

Hier sind bis auf A2) alle Axiome erfüllt (Man hätte auch das erste der obigen Beispiele 5) nehmen können).

c) E bestehe aus 3 Punkten, G sei die Menge aller ein- und zweielementigen Teilmengen von E. Bis auf A3) sind die Axiome erfüllt.

d) E bestehe aus 2 Punkten, die auch die einzige Gerade bilden sollen. Hier ist nur A4) verletzt.

Die Geometrie einer Ebene ist sehr dürftig. Wirklich interessante „geometrische" Sätze lassen sich aus den obigen Axiomen noch nicht herleiten. Wir stellen einige einfache Regeln zusammen, die immer wieder einmal benutzt werden:

Regeln 1.3. (E, G) sei eine Ebene.

a) Durch zwei verschiedene Punkte von E geht genau eine Gerade.

Dies folgt unmittelbar aus A1) und A2).

Für A, B $\in E$, A $\neq$ B bezeichnen wir in Zukunft die eindeutig bestimmte Gerade durch A und B mit g(A, B).

b) Zwei Geraden, die sich in mehr als einem Punkt schneiden, sind identisch.

Dies ist eine Umformulierung von a).

c) Zu *jeder* Geraden g gibt es einen Punkt P mit P $\notin$ g.

Andernfalls wäre A4) verletzt.

d) Jeder Punkt ist Durchschnitt zweier Geraden.

Ist nämlich P $\in E$ gegeben, so wählen wir eine Gerade g mit P $\in$ g (nach A 1)) und einen Punkt Q $\notin$ g (nach Regel c)). Dann ist g(P, Q) $\neq$ g und {P} = g(P, Q) $\cap$ g.

e) Zu jedem Punkt P gibt es eine Gerade g mit P $\notin$ g.

Wir wählen einen Punkt $Q_1 \neq$ P und einen Punkt $Q_2 \notin$ g(P, Q_1) (nach Regel c)). Dann ist P $\notin$ g(Q_1, Q_2), denn andernfalls wäre g(P, Q_1) = g(Q_1, Q_2) (nach A2)) und somit $Q_2 \in$ g(P, Q_1), entgegen der Annahme.

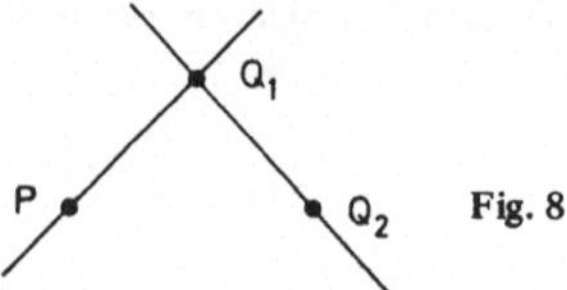

Alle geometrischen Begriffe, in deren Definition außer mengentheoretischen Begriffen nur die Worte „Punkt" und „Gerade" vorkommen, lassen sich in einer Ebene (E, G) definieren, zum Beispiel:

Definition 1.4. Parallelität von Geraden: Zwei Geraden g, h heißen *parallel*, wenn entweder g = h oder g ∩ h = ϕ. Wir schreiben dann g ‖ h.

Definition 1.5. n-Eck: Ein *n-Eck* in E ist ein n-Tupel $(A_1, ..., A_n)$ von paarweise verschiedenen Punkten A_i aus E. Die Geraden $g(A_i, A_{i+1})$ $(i = 1, ..., n;\ A_{n+1} := A_1)$ heißen die *Seiten* des n-Ecks.

Insbesondere ist ein *Dreieck* ein Tripel (A, B, C) mit paarweise verschiedenen Punkten $A, B, C \in E$.

Wir wollen jetzt Ebenen miteinander vergleichen. Seien (E, G) und (E', G') zwei Ebenen.

Definition 1.6. Eine Abbildung $\varphi : E \to E'$ heißt *Isomorphismus von Ebenen*, wenn gilt:

a) φ ist bijektiv.

b) φ bildet Geraden von E auf Geraden von E' ab.

Im Falle $E' = E$, $G' = G$ heißt ein Isomorphismus auch *Automorphismus* (von (E, G)).

Aus 1.6 b) folgt: Liegen die Punkte $A, B, C \in E$ auf einer Geraden, dann auch $\varphi(A), \varphi(B), \varphi(C)$. Diese Bedingung kann jedoch b) in 1.6 nicht ersetzen: Ein Gegenbeispiel erhält man, indem man die erste Ebene in Beispiel 2) bijektiv auf die zweite abbildet.

Satz 1.7. (E, G), (E', G') und (E'', G'') seien Ebenen.

a) Ist $\varphi : E \to E'$ ein Isomorphismus, dann auch φ^{-1}.

b) Ist $\psi : E' \to E''$ ein weiterer Isomorphismus, dann ist auch $\psi \circ \varphi : E \to E''$ ein Isomorphismus.

Beweis. b) folgt unmittelbar aus der Definition. Um a) zu beweisen, gehen wir von einer Geraden $g' \in E'$ aus und wählen auf ihr zwei Punkte P', Q' mit P' ≠ Q' (Axiom A3)). Es gibt dann Punkte $P, Q \in E$ mit $\varphi(P) = P'$, $\varphi(Q) = Q'$. Dabei ist notwendigerweise P ≠ Q. Die Gerade g := g(P, Q) wird bei φ auf g' abgebildet, denn $\varphi(g)$ ist eine Gerade, die P' und Q' enthält, so daß $\varphi(g) = g'$ ist nach Regel 1.3 a). Es folgt $\varphi^{-1}(g') = g$, womit bewiesen ist, daß φ^{-1} Geraden auf Geraden abbildet.

Zwei Ebenen heißen *isomorph*, wenn es einen Isomorphismus zwischen ihnen gibt.
Man kann sie dann als „im wesentlichen gleich" ansehen, in beiden Ebenen gilt die
gleiche Geometrie.

Aus 1.7 folgt, daß die Isomorphie eine Äquivalenzrelation auf der Klasse aller Ebenen ist. Die Gesamtheit aller Ebenen zerfällt daher in Isomorphieklassen, wobei die
Ebenen jeder Klasse unter sich isomorph sind und Ebenen aus verschiedenen Klassen
nicht isomorph sind.

Beispiele

6) Die beiden Ebenen im obigen Beispiel 2) sind nicht isomorph, da die eine Ebene
eine Gerade mit 3 Punkten enthält, die andere nicht. Dagegen ist jede Ebene mit
4 Punkten zu einer von ihnen isomorph, denn eine Ebene mit 4 Punkten besitzt entweder lauter Geraden mit 2 Punkten oder genau eine Gerade mit 3 Punkten und
sonst nur Geraden mit 2 Punkten.

7) In der affinen Geometrie zeigt man, daß zwei affine Ebenen $\mathbb{A}^2 (K_1)$ und
$\mathbb{A}^2 (K_2)$ über Körpern K_1 und K_2 genau dann isomorph sind, wenn die Körper
K_1 und K_2 isomorph sind, d. h. wenn es eine bijektive Abbildung $\sigma : K_1 \to K_2$
gibt, so daß $\sigma(x + y) = \sigma(x) + \sigma(y)$ und $\sigma(x \cdot y) = \sigma(x) \cdot \sigma(y)$ ist für alle $x, y \in K_1$.

8) E sei die „Halbsphäre" $\{(x, y, z) \in \mathbb{R}^3 \mid x^2 + y^2 + z^2 = 1, z > 0\}$ mit den in
E verlaufenden Großkreisbögen als Geraden. Diese Ebene ist isomorph zu $\mathbb{A}^2 (\mathbb{R})$,
wie man sieht, wenn man E vom Kugelmittelpunkt aus auf die Tangentialebene im
„Nordpol" $(0, 0, 1)$ projiziert:

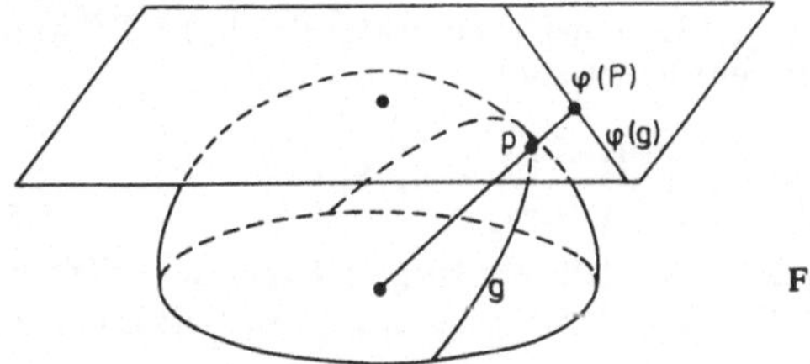

Fig. 9

$\varphi : E \to \mathbb{A}^2 (\mathbb{R})$ wird gegeben durch $\varphi(x, y, z) = \left(\dfrac{x}{z}, \dfrac{y}{z}\right)$ für alle $(x, y, z) \in E$.

Die Abbildung $\psi : \mathbb{A}^2 (\mathbb{R}) \to E$, die für alle $(x', y') \in \mathbb{R}^2$ durch

$$\psi(x', y') = \left(\frac{x'}{\sqrt{1 + x'^2 + y'^2}} , \frac{y'}{\sqrt{1 + x'^2 + y'^2}} , \frac{1}{\sqrt{1 + x'^2 + y'^2}} \right)$$

gegeben wird, ist Umkehrabbildung von φ. Der Großkreisbogen, der zur Ebene mit
der Gleichung $aX + bY + cZ = 0 ((a, b) \neq (0, 0))$ gehört, wird bei φ auf die Gerade
von $\mathbb{A}^2 (\mathbb{R})$ mit der Gleichung $aX + bY = -c$ abgebildet.

Wir wenden uns jetzt den Automorphismen von Ebenen zu:

Satz 1.8. Die Automorphismen einer Ebene (E, G) bilden bzgl. der Komposition von Abbildungen eine Gruppe.

Nach 1.7 ist die Zusammensetzung zweier Automorphismen wieder ein Automorphismus. Die identische Abbildung ist ein Automorphismus und für jeden Automorphismus ist nach 1.7 auch seine Umkehrabbildung ein Automorphismus. Da das Assoziativgesetz für die Zusammensetzung von Abbildungen gilt, sind damit alle Gruppenaxiome als erfüllt nachgewiesen.

Wir bezeichnen die Automorphismengruppe einer Ebene (E, G) mit $\mathrm{Aut}(E, G)$.

Beispiele

9) Im ersten Beispiel aus 2) ist die Automorphismengruppe die Permutationsgruppe der 4 Punkte, denn bei allen Permutationen werden Geraden auf Geraden abgebildet. Im zweiten Beispiel läßt jeder Automorphismus den Punkt fest, der nicht auf der Geraden mit 3 Punkten liegt, da diese auf sich abgebildet werden muß. Hier ist die Automorphismengruppe die Permutationsgruppe von 3 Elementen.

10) Ist K ein beliebiger Körper, so erhält man Automorphismen von $\mathbb{A}^2(K)$ auf folgende Weise:

Sei σ ein Automorphismus von K, d. h. eine bijektive Abbildung $\sigma : K \to K$ mit $\sigma(a + b) = \sigma(a) + \sigma(b)$ und $\sigma(a \cdot b) = \sigma(a) \cdot \sigma(b)$ für alle $a, b \in K$. Für jede invertierbare Matrix

$$A = \begin{pmatrix} a_{11} & a_{12} \\ a_{21} & a_{22} \end{pmatrix}$$

mit Koeffizienten $a_{ik} \in K$ $(i, k = 1, 2)$ und jeden Vektor $(b_1, b_2) \in K^2$ wird durch die Gleichung (in Matrizenschreibweise)

$$(*) \quad \varphi(x_1, x_2) = (\sigma(x_1), \sigma(x_2)) \cdot \begin{pmatrix} a_{11} & a_{12} \\ a_{21} & a_{22} \end{pmatrix} + (b_1, b_2)$$

eine bijektive Abbildung $\varphi : K^2 \to K^2$ definiert. Ist g die Gerade in $\mathbb{A}^2(K)$ mit der Gleichung $aX + bY = c$ $((a, b) \neq (0, 0))$, dann ist $\varphi(g)$ die Gerade mit der Gleichung

$$(X, Y) \cdot A^{-1} \cdot \begin{pmatrix} \sigma(a) \\ \sigma(b) \end{pmatrix} = \sigma(c) + (b_1, b_2) \cdot A^{-1} \cdot \begin{pmatrix} \sigma(a) \\ \sigma(b) \end{pmatrix}.$$

Die Beweise für diese Aussagen sind einfache Übungsaufgaben zur linearen Algebra. Jede durch eine Gleichung (*) definierte Abbildung $\varphi : \mathbb{A}^2(K) \to \mathbb{A}^2(K)$ ist somit ein Automorphismus von $\mathbb{A}^2(K)$.

Der sog. *Hauptsatz der affinen Geometrie* besagt folgendes: Ist K ein Körper der Charakteristik $\neq 2$ (ist also $1 + 1 \neq 0$ in K), dann ist jeder Automorphismus φ von $\mathbb{A}^2(K)$ von der Form (*) mit einem geeigneten Automorphismus σ von K, einer geeigneten invertierbaren Matrix A und einem geeigneten Vektor $(b_1, b_2) \in K^2$. (Einen Beweis dieses Satzes findet man z. B. in Lingenberg [16]).

Da der Körper $\mathbb{R}$ außer der Identität keine Automorphismen besitzt, sind demnach die Automorphismen von $\mathbb{A}^2(\mathbb{R})$ die durch Gleichungen (*) mit $\sigma = $ id gegebenen Abbildungen.

Satz 1.9. Isomorphe Ebenen besitzen isomorphe Automorphismengruppen.

Beweis. Seien (E, G) und (E', G') zwei Ebenen und $\varphi : E \to E'$ ein Isomorphismus von Ebenen. Für jeden Automorphismus $\alpha \in \mathrm{Aut}(E, G)$ ist dann $\varphi \circ \alpha \circ \varphi^{-1} \in$ $\mathrm{Aut}(E', G')$ nach 1.7. Die Abbildung

$$\phi : \mathrm{Aut}(E, G) \to \mathrm{Aut}(E', G') \text{ mit } \phi(\alpha) = \varphi \circ \alpha \circ \varphi^{-1}$$

ist ein Gruppenisomorphismus. In der Tat: Es ist $\phi(\alpha_1 \circ \alpha_2) = \varphi \circ (\alpha_1 \circ \alpha_2) \circ \varphi^{-1} =$ $= (\varphi \circ \alpha_1 \circ \varphi^{-1}) \circ (\varphi \circ \alpha_2 \circ \varphi^{-1}) = \phi(\alpha_1) \circ \phi(\alpha_2)$ für alle $\alpha_1, \alpha_2 \in \mathrm{Aut}(E, G)$ und somit ist ϕ ein Gruppenhomomorphismus. Ferner ist ϕ bijektiv, denn durch $\psi(\alpha') := \varphi^{-1} \circ \alpha' \circ \varphi$ (für alle $\alpha' \in \mathrm{Aut}(E', G')$) wird eine Umkehrabbildung zu ϕ definiert.

Wir notieren noch die folgende Tatsache, die sich unmittelbar aus den Definitionen 1.4 und 1.6 ergibt:

Bemerkung 1.10. Isomorphismen bilden parallele Geraden auf parallele Geraden ab.

Vorschläge für weitere Studien

Die wichtigsten Ebenen sind die affinen und projektiven Ebenen (vgl. Übungsaufgaben 2) und 4)). Ihre Untersuchung ist Gegenstand der „affinen" und der „projektiven Geometrie". Diese Geometrien werden im vorliegenden Taschenbuch nicht behandelt; in den folgenden Übungs- aufgaben kann sich der Leser jedoch mit einigen Grundbegriffen und einfachen Tatsachen über affine und projektive Ebenen vertraut machen. Für weitere Studien verweisen wir auf die Bücher von E. Artin [1], R. Hartshorne [10] oder eines der zahlreichen anderen Lehrbücher über diesen Gegenstand.

„Endliche Geometrien" befassen sich mit den endlichen Ebenen und ihren Verallgemeinerungen. Sie spielen vor allem wegen ihrer Beziehungen zur Kombinatorik und zur Gruppentheorie eine Rolle. Fragen wie die folgenden werden in diesem Zusammenhang gestellt: Klassifikation der endlichen Ebenen eines gewissen Typs. Bestimmung der Automorphismengruppe einer vorge- legten Ebene. Welche Gruppen können als Automorphismengruppe einer Ebene eines gewissen Typs auftreten? (Für ein einfaches Beispiel vgl. man Übungsaufgabe 1)). Zum Beispiel gibt es keine affine Ebene mit 36 Punkten. Für $n = 2, 3, 4, 5, 7, 8$ sind alle affinen Ebenen mit n^2 Punkten isomorph. Für $n = 9$ gibt es nichtisomorphe affine Ebenen mit n^2 Punkten. Es ist nicht bekannt, ob es affine Ebenen mit 100 Punkten gibt. Eine elementare Einführung in diese Fragen enthält die Schrift [20] von Pickert. Eine sehr umfassende, aber für den Anfänger schwierige Darstellung der endlichen Geometrien gibt P. Dembowski [5]. Das Literaturver- zeichnis dieses Buches ist 49 Seiten lang und umfaßt ungefähr 1300 Titel, zum größten Teil aus den Jahren seit 1960. Es wäre aber verfehlt, aus der Vielzahl von Veröffentlichungen auf eine entsprechende außerordentliche mathematische Relevanz dieses Gebietes schließen zu wollen.

Übungsaufgaben

1. Wie viele Isomorphieklassen von Ebenen mit 5 Punkten gibt es? Man gebe zu jeder Klasse einen Repräsentanten an und bestimme seine Automorphismengruppe.

2. Eine Ebene (E, G) heißt *affin*, wenn das Parallelenaxiom P) erfüllt ist:

   P) Für jedes $g \in G$ und $P \in E$ gibt es genau eine Gerade h mit h $\parallel$ g, $P \in$ h.

   Zeige:

   a) Ist K ein Körper, dann ist $\mathbb{A}^2 (K)$ (siehe Beispiel 3)) eine affine Ebene. Zwei Geraden mit den Gleichungen $aX + bY = c$, $a'X + b'Y = c'$ sind genau dann parallel, wenn es ein $\lambda \in K$, $\lambda \neq 0$ gibt mit $\lambda \cdot (a, b) = (a', b')$.

   b) In einer affinen Ebene ist die Parallelität eine Äquivalenzrelation.

   c) Die Aussage des Axioms A3) ist eine Folge der Axiome A1), A2), A4) und P).

3. Zeige:

   a) In einer endlichen affinen Ebene enthält jede Gerade gleich viele Punkte.

   b) Die Anzahl der Elemente einer endlichen affinen Ebene ist eine Quadratzahl.

   c) Eine endliche affine Ebene mit n^2 Punkten besitzt $n^2 + n$ Geraden.

4. Eine Ebene (E, G) heißt *projektiv*, wenn gilt:

   A3*) Jede Gerade enthält mindestens 3 verschiedene Punkte.

   A5)   Je zwei Geraden schneiden sich.

   Zeige:

   a) Jede projektive Ebene besitzt mindestens 7 verschiedene Punkte.

   b) Es gibt eine projektive Ebene mit 7 Punkten. Sie ist bis auf Isomorphie eindeutig bestimmt.

   c) Ist (E, G) eine projektive Ebene, $h \in G$ eine Gerade, so wird $E' := E \setminus h$ zu einer affinen Ebene, wenn man die Geraden von E' definiert als die Durchschnitte $g \cap E'$ mit $g \in G$, $g \neq h$.

   d) Eine endliche projektive Ebene besitzt ebensoviele Punkte wie Geraden.

5. K sei ein Körper. Zwei Elemente (x_0, x_1, x_2) und (y_0, y_1, y_2) aus $K^3 \setminus \{(0, 0, 0)\}$ heißen äquivalent, wenn es ein $\lambda \in K$, $\lambda \neq 0$ gibt, so daß $(x_0, x_1, x_2) = \lambda \cdot (y_0, y_1, y_2)$ ist. Sei E die Menge der Äquivalenzklassen von $K^3 \setminus \{(0, 0, 0)\}$ bzgl. dieser Äquivalenzrelation. Eine Teilmenge g von E heißt Gerade, wenn es ein $(a, b, c) \in K^3 \setminus \{(0, 0, 0)\}$ gibt, so daß folgendes gilt:

   g besteht genau aus den Punkten $P \in E$ mit der Eigenschaft $ax_0 + bx_1 + cx_2 = 0$, wobei (x_0, x_1, x_2) ein Repräsentant für die Äquivalenzklasse P ist (Es ist offensichtlich gleichgültig, welchen Repräsentanten man nimmt). G sei die Menge der Geraden von E. Zeige, daß (E, G) eine projektive Ebene ist. (Sie heißt *die projektive Ebene über K* und wird mit $\mathbb{P}^2 (K)$ bezeichnet).

6. (E, G) sei eine affine Ebene, u die Menge der Klassen paralleler Geraden von E. Für $g \in G$ bezeichne $\{g\} \in$ u die Klasse paralleler Geraden, der g angehört. Wir setzen $\bar{E} := E \cup$ u und definieren $\bar{G}$ folgendermaßen:

$\bar{G}$ soll bestehen aus der Menge u $\subset \bar{E}$, ferner aus den Mengen $\bar{g} := g \cup \{\{g\}\}$, die man erhält, indem man zu einer Geraden $g \in G$ die Klasse $\{g\} \in$ u hinzufügt, der g angehört.

a) Zeige, daß $(\bar{E}, \bar{G})$ eine projektive Ebene ist.

(Sie heißt die *projektive Abschließung der affinen Ebene* (E, G). u heißt die uneigentliche oder *unendlich ferne Gerade* und für $g \in G$ heißt $\{g\} \in$ u der *unendlich ferne Punkt* von g).

b) Zeige: Ist K ein Körper, so ist $\mathbb{P}^2(K)$ isomorph zur projektiven Abschließung von $\mathbb{A}^2(K)$.

7. Sei (E, G) eine projektive Ebene. Das *Geradenbüschel mit dem Zentrum P* ist die Menge aller Geraden $g \in G$ mit $P \in g$. Sei $E^* := G$ und G^* die Menge aller Geradenbüschel mit einem beliebigen Punkt $P \in E$ als Zentrum. Zeige, daß (E^*, G^*) wieder eine projektive Ebene ist.
(Sie heißt die zu (E, G) *duale projektive Ebene*).

8. Man zeige, daß $\mathbb{P}^2(\mathbb{R})$ isomorph ist zu der Ebene, die man durch Identifizieren der Antipodenpunkte von S^2 erhält (Beispiel 5)).

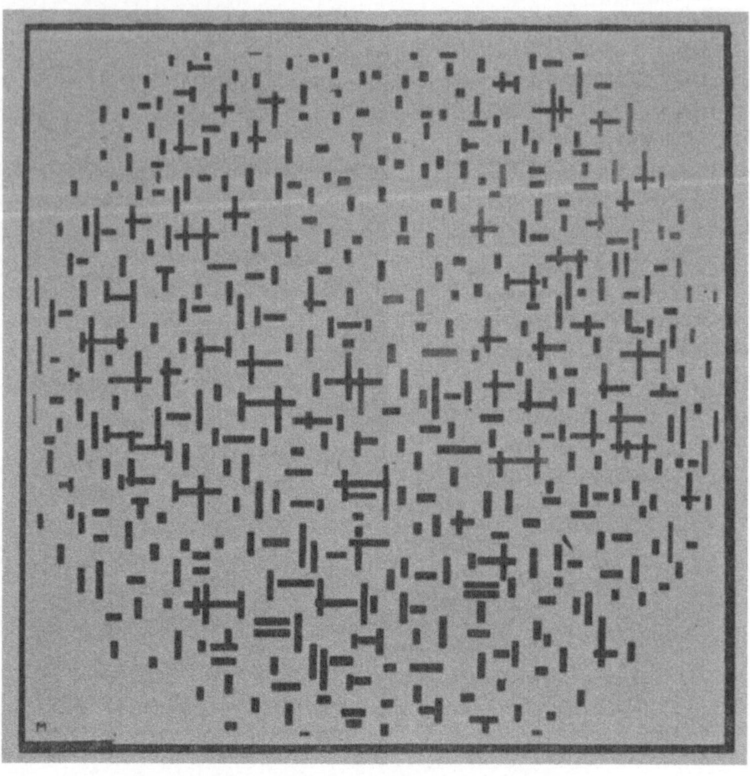

P. Mondrian: Komposition mit Linien (1917)

§ 2. Strecken

Neben den Begriffen „Punkt" und „Gerade" ist der Begriff „Strecke" ein weiterer Grundbegriff der Geometrie. Wir geben anschließend „Streckenaxiome" an, die einen Teil dessen zum Ausdruck bringen, was wir uns anschaulich unter einer Strecke vorstellen. Später wird gezeigt (Korollar 2.16), daß man nicht in jeder Ebene Strecken im Einklang mit den Axiomen definieren kann, vielmehr werden sich die Axiome als untereinander und von den Inzidenzaxiomen unabhängig erweisen.

Wir denken uns eine Ebene (E, G) gegeben.

Definition 2.1. Wir sagen, daß (E, G) eine *Ebene mit Strecken* ist, wenn folgendes gilt:

Für je zwei Punkte $A, B \in E$ ist eine Teilmenge $\overline{AB} \subset E$ gegeben (die *Strecke* von A nach B genannt wird), so daß folgende Axiome erfüllt sind:

B1) Es ist $A \in \overline{AB}$ für jede Strecke $\overline{AB}$.

B2) Ist g eine Gerade und $A, B \in g$, dann ist $\overline{AB} \subset g$.

Fig. 10

B3) Für alle $A, B \in E$ ist $\overline{AB} = \overline{BA}$.

B4) Für alle $A, B \in E$ existiert ein $C \in E$, $C \neq B$ mit $B \in \overline{AC}$.

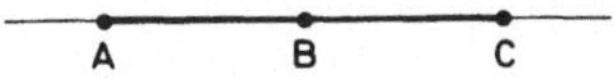

Fig. 11

B5) Ist $C \in \overline{AB}$, $C \neq B$, dann ist $B \notin \overline{AC}$.

Fig. 12

B6) (Axiom von Pasch) Sind $A_1, A_2, A_3 \in E$ Punkte, die nicht auf einer Geraden liegen, und ist g eine Gerade, die keinen der drei Punkte enthält, so folgt aus $g \cap A_1 A_2 \neq \phi$, daß $g \cap A_2 A_3 \neq \phi$ oder $g \cap A_1 A_3 \neq \phi$ ist.

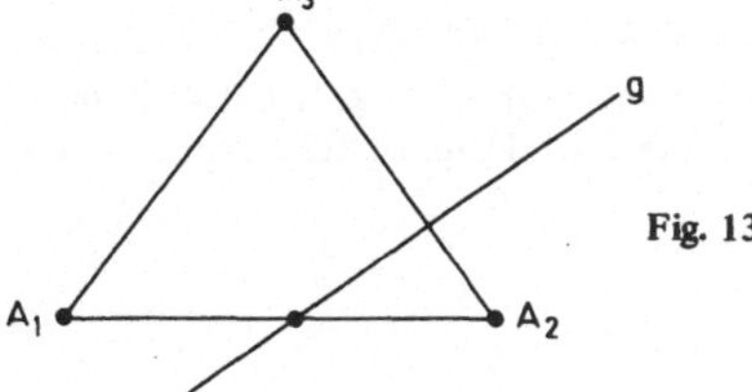

Fig. 13

Die Axiome B1)–B6) heißen *Streckenaxiome*. B6) besagt anschaulich: Wenn eine Gerade in ein Dreieck „eindringt", dann muß sie dieses auch wieder irgendwo verlassen. Es war eine Entdeckung von Pasch (1843–1930), daß diese Tatsache nicht aus den übrigen Axiomen gefolgert werden kann, sondern gefordert werden muß.

Beispiel 2.2. Sei K ein Teilkörper von $\mathbb{R}$ und $E = \mathbb{A}^2(K)$ die affine Ebene über K. Sind $A = (x_1, y_1)$, $B = (x_2, y_2)$ zwei Punkte aus E, so definiert man

$$\overline{AB} := \{(x_1, y_1) + \lambda \cdot (x_2 - x_1, y_2 - y_1) \mid \lambda \in K, 0 \leq \lambda \leq 1\}.$$

B1) ist trivialerweise erfüllt. Durch Einsetzen der Punkte von $\overline{AB}$ in die Gleichung

$$(y_2 - y_1)X - (x_2 - x_1)Y = y_2 x_1 - x_2 y_1$$

der Geraden durch A und B sieht man, daß B2) gilt. B3) folgt, weil auch die folgende Formel richtig ist:

$$\overline{AB} = \{(x_2, y_2) + \lambda \cdot (x_1 - x_2, y_1 - y_2) \mid \lambda \in K, 0 \leq \lambda \leq 1\}.$$

Ein C, wie es in B4) gefordert wird, ist etwa

$$C := (x_1, y_1) + 2(x_2 - x_1, y_2 - y_1).$$

Für den Nachweis von B5) denken wir uns $C = (x_1, y_1) + \tilde{\lambda} \cdot (x_2 - x_1, y_2 - y_1)$ mit einem $\tilde{\lambda} \in K, 0 \leq \tilde{\lambda} < 1$ gegeben, also $C \in \overline{AB}$, $C \neq B$. Dann ist

$$\overline{AC} = \{(x_1, y_1) + \lambda\tilde{\lambda}(x_2 - x_1, y_2 - y_1) \mid \lambda \in K, 0 \leq \lambda \leq 1\}.$$

Offensichtlich ist $B \notin \overline{AC}$, da $\tilde{\lambda} < 1$.

Um die Gültigkeit des Axioms von Pasch zu zeigen, denken wir uns Punkte $A_i = (x_i, y_i)$ $(i = 1, 2, 3)$ und eine Gerade g mit der Gleichung

$$aX + bY = c \quad (a, b, c \in K, (a, b) \neq (0, 0))$$

gegeben, wobei die Voraussetzungen des Axioms gelten sollen.
Wir betrachten die Funktion

$$f(\lambda) := \lambda[a(x_2 - x_1) + b(y_2 - y_1)] + ax_1 + by_1 - c.$$

(Einsetzen der Punkte von $\overline{A_1 A_2}$ in $aX + bY - c$).
Es gibt nach Voraussetzung ein λ mit $0 < \lambda < 1$ und $f(\lambda) = 0$. Es muß dann $a(x_2 - x_1) + b(y_2 - y_1) \neq 0$ sein, denn sonst wäre $A_1 \in g$. O.B.d.A. können wir annehmen, daß $a(x_2 - x_1) + b(y_2 - y_1) > 0$ ist. Dann ist $f(\lambda)$ streng monoton wachsend und daher

$$f(1) = ax_2 + by_2 - c > 0$$
$$f(0) = ax_1 + by_1 - c < 0.$$

Ferner ist entweder $ax_3 + by_3 - c > 0$ oder $ax_3 + by_3 - c < 0$. Im ersten Fall bilden wir

$$g(\lambda) := \lambda \cdot [a(x_3 - x_1) + b(y_3 - y_1)] + ax_1 + by_1 - c.$$

Dann ist $g(1) > 0$, $g(0) = f(0) < 0$. Die Gleichung $g(\lambda) = 0$ besitzt eine eindeutige Lösung $\lambda \in K$. Da $g(\lambda)$ streng monoton wachsend ist, muß notwendigerweise gelten: $0 < \lambda < 1$. Es ist dann $g \cap \overline{A_1 A_3} \neq \phi$. Im zweiten Fall schließt man ganz ähnlich.

Damit sind alle Streckenaxiome bestätigt. Ein allgemeineres Beispiel erhält man, wenn man für K einen beliebigen geordneten Körper nimmt (vgl. Übungsaufgaben 7) und 8)).

Aus den Streckenaxiomen können nun bereits interessantere geometrische Tatsachen hergeleitet werden als aus den Inzidenzaxiomen allein. Bei den Beweisen muß man sehr darauf achten, wirklich unvoreingenommen zu schließen und sich nicht durch die Anschauung irreführen zu lassen. Am Anfang können wir noch zu jedem Schluß in einem Beweis das Axiom oder die schon bewiesene Tatsache angeben, die in diesem Schluß verwendet wird. Später müssen wir uns kürzer fassen, sonst würden die Beweise unerträglich lang.

Für den Rest dieses Paragraphen sei (E, G) eine Ebene mit Strecken.

Definition 2.3. Ein Punkt C einer Strecke $\overline{AB}$ heißt ein *innerer* Punkt von $\overline{AB}$, wenn $C \neq A$, $C \neq B$. Wir sagen für einen solchen Punkt auch, daß er „zwischen" A und B liege.

Satz 2.4

a) Für alle $A \in E$ ist $\overline{AA} = \{A\}$.

b) Es ist $B \in \overline{AB}$ für alle $A, B \in E$.

c) Für alle $A, B \in E$ mit $A \neq B$ besitzt $\overline{AB}$ mindestens einen inneren Punkt (zwischen zwei verschiedenen Punkten liegt immer noch ein dritter).

Beweis

a) $\overline{AA}$ liegt auf jeder Geraden durch A nach B2). Da $\{A\}$ Durchschnitt von Geraden ist (Regel 1.3, d)), folgt $\overline{AA} = \{A\}$.

b) Daß $B \in \overline{AB}$ folgt unmittelbar aus B1) und B3).

c) Zu $A, B \in E$, $A \neq B$ wählen wir ein $D \in E$, $D \notin g(A, B)$ (Regel 1.3, c)). Nach B4) gibt es einen Punkt $E \neq D$ mit $D \in \overline{AE}$. Nach B5) ist $E \notin \overline{AD}$. Es gibt ferner einen Punkt $F \in E$ mit $F \notin \overline{BE}$, $E \in \overline{BF}$. Es ist $D \neq F$, denn andernfalls wäre $g(A, D) = g(E, F) = g(A, B)$, im Widerspruch zur Annahme $D \notin g(A, B)$.

Sei $g := g(D, F)$. Wir zeigen, daß keiner der Punkte A, B, E auf g liegt. Wäre $A \in g$, dann wäre $g = g(A, D)$ und folglich $E \in g$. Wäre $B \in g$, dann wäre $g = g(B, F)$ und wieder wäre $E \in g$. Wenn aber $E \in g$, dann sind auch $A, B \in g$ und es folgt $D \in g(A, B)$, ein Widerspruch.

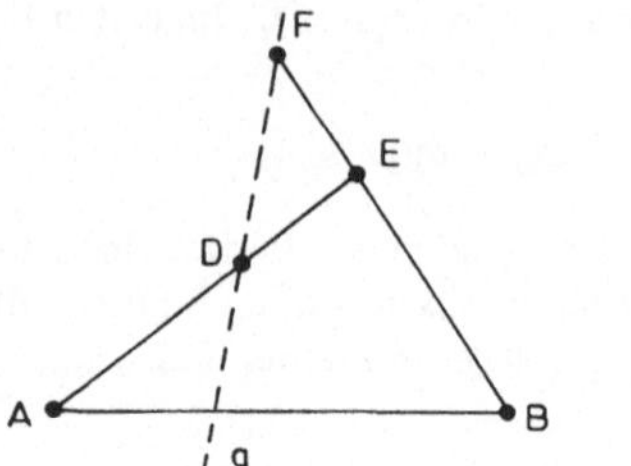

Fig. 14

Wir können jetzt B6) auf A, B, E und g anwenden. Da $g \cap \overline{AE} \neq \phi$ ist, ist auch $g \cap \overline{AB} \neq \phi$ oder $g \cap \overline{BE} \neq \phi$. Der zweite Fall kann nicht eintreten, denn es ist $g \cap g(B, E) = \{F\}$ und $F \notin \overline{BE}$. Somit ist $g \cap \overline{AB} \neq \phi$ und der Schnittpunkt ist der gesuchte Punkt C zwischen A und B.

Warnung. Aus 2.4 c) ergibt sich noch nicht unmittelbar, daß eine Strecke $\overline{AB}$ mit $A \neq B$ unendlich viele Punkte besitzt. Dies wird erst in 2.16 bewiesen.

Satz 2.5. Sind A, B, C drei paarweise verschiedene Punkte einer Geraden, dann ist genau eine der drei folgenden Beziehungen richtig:

$$A \in \overline{BC}, B \in \overline{AC}, C \in \overline{AB}.$$

(Genau einer der drei Punkte liegt zwischen den beiden andern).

Beweis. Aus B5) folgt, daß höchstens eine der drei Beziehungen richtig sein kann. Wir nehmen jetzt an, daß $A \notin \overline{BC}$ und $C \notin \overline{AB}$ ist. Dann müssen wir $B \in \overline{AC}$ beweisen.

Wir wählen ein $D \notin g(A, B)$ und gemäß B4) und B5) ein E mit $E \notin \overline{BD}$, $D \in \overline{BE}$.

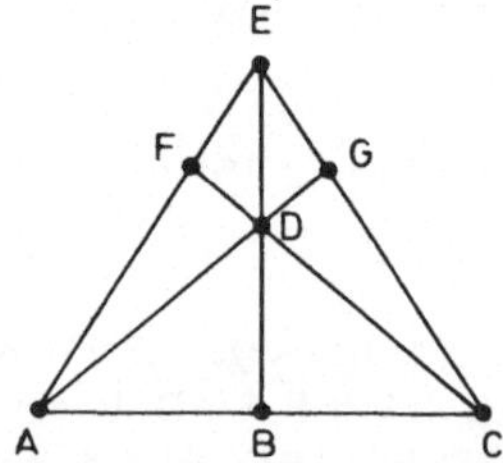

Fig. 15

Nach B6), angewandt auf A, B, E und g(C, D), erhalten wir einen Punkt $F \in \overline{AE} \cap g(C, D)$, $F \neq A$, $F \neq E$. Analog erhält man $G \in \overline{CE} \cap g(A, D)$, $G \neq C$, $G \neq E$. Da $C \notin \overline{GE}$ nach B5), ergibt sich aus B6), angewandt auf A, G, E und g(C, F), daß $D \in \overline{AG}$. Da auch $E \notin \overline{CG}$, ergibt sich aus B6), angewandt auf A, C, G und g(E, D), daß $B \in \overline{AC}$, q.e.d.

Satz 2.6 (Pasch). Sind A_1, A_2, A_3 Punkte, die nicht auf einer Geraden liegen, ist B_i ein innerer Punkt von $\overline{A_i A_{i+1}}$ ($i = 1, 2, 3$; $A_4 := A_1$), dann liegen B_1, B_2, B_3 nicht auf einer Geraden.

Beweis

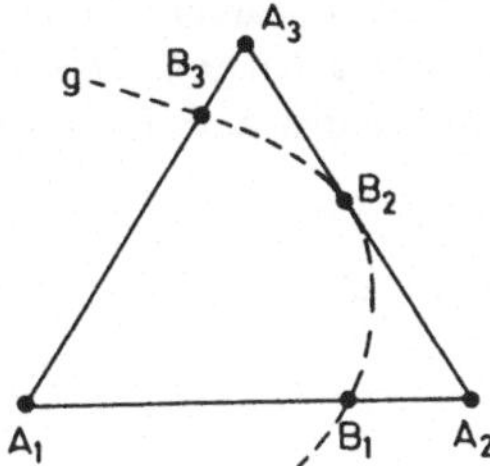

Fig. 16

Angenommen, sie lägen doch alle auf einer Geraden g und es sei etwa $B_2 \in \overline{B_1 B_3}$ (gemäß Satz 2.5). In den beiden anderen möglichen Fällen kann man völlig analog, wie wir es jetzt tun werden, schließen. Sei h := $g(A_2, A_3)$. Dann liegen A_1, $\underline{B_1, B_3}$ nicht auf h und h schneidet $\overline{B_1 B_3}$ in B_2. Nach B6) schneidet h die Strecke $\overline{A_1 B_3}$ oder $\overline{A_1 B_1}$ in einem inneren Punkt. Es ist aber $h \cap g(A_1, B_3) = \{A_3\}$, $A_3 \notin \overline{A_1 B_3}$ (nach B5)) und $h \cap g(A_1, B_1) = \{A_2\}$, $A_2 \notin \overline{A_1 B_1}$. Somit gelangt man in beiden Fällen zum Widerspruch.

Wir können jetzt beweisen, daß jede Gerade g die Ebene E in zwei „Halbebenen" zerlegt. Sei $g \in G$ gegeben.

Definition 2.7. Zwei Punkte A, B $\in E \setminus g$ heißen *äquivalent bzgl. g*, wenn $\overline{AB} \cap g = \phi$.

Wenn A und B äquivalent bezüglich g sind, schreiben wir $A \underset{g}{\sim} B$, andernfalls $A \underset{g}{\not\sim} B$.

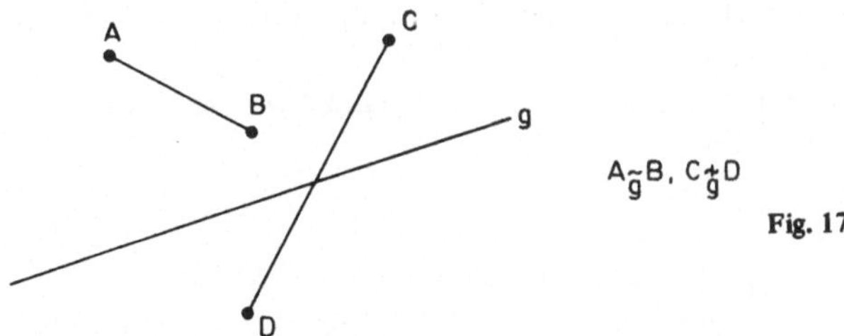

$A \underset{g}{\sim} B$, $C \underset{g}{\not\sim} D$

Fig. 17

Satz 2.8

a) $\underset{g}{\sim}$ ist eine Äquivalenzrelation auf $E \setminus g$.

b) Es gibt genau zwei Äquivalenzklassen bezüglich $\underset{g}{\sim}$.

Beweis

a) Aus den Streckenaxiomen ergibt sich unmittelbar, daß $A\underset{g}{\sim}A$ und daß aus $A\underset{g}{\sim}B$ auch $B\underset{g}{\sim}A$ folgt für alle $A, B \in E \setminus g$. Seien jetzt $A, B, C \in E \setminus g$ gegeben und $A\underset{g}{\sim}B$, $B\underset{g}{\sim}C$. Wir haben zu zeigen, daß $A\underset{g}{\sim}C$. Wenn A, B, C nicht auf einer Geraden liegen, folgt dies unmittelbar aus B6). Wir nehmen daher an, daß es eine Gerade $h \in G$ gibt mit $A, B, C \in h$. Wenn $h \cap g = \phi$ ist, dann ist natürlich $A \sim C$, und wir sind fertig. Sei also $h \cap g = \{P\}$. Wir wählen $Q \in g$ mit $Q \neq P$. Es gibt dann einen inneren Punkt $A' \in \overline{AQ}$; es ist klar, daß $A' \notin h$. Ferner ist $Q \notin \overline{AA'}$ nach B5). Daher ist $A' \sim A$.

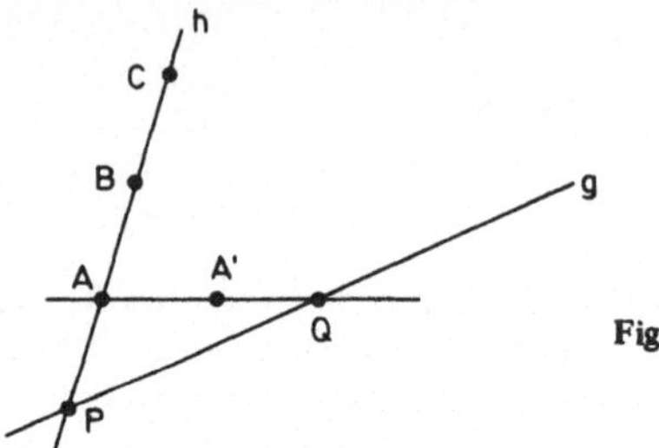

Fig. 18

Aus $A \sim B$, $A' \sim A$ folgt $A' \sim B$. Aus $B \sim C$ folgt $A' \sim C$. Aus $A \sim A'$ und $A' \sim C$ ergibt sich $A \sim C$. (Wir haben jeweils das transitive Gesetz benutzt für 3 Punkte, die nicht auf einer Geraden liegen).

b) Wir zeigen zunächst, daß es mindestens zwei Äquivalenzklassen bzgl. $\underset{g}{\sim}$ gibt. Wir wählen einen Punkt $P \in g$ und eine Gerade h durch P, $h \neq g$. Auf h wählen wir $A \neq P$. Nach B4) existiert ein $C \neq P$ mit $P \in \overline{AC}$. Somit ist $C \in E \setminus g$ und $A\underset{g}{\not\sim}C$.

Um zu beweisen, daß es nicht mehr als zwei Äquivalenzklassen gibt, betrachten wir noch einen weiteren Punkt $B \in E \setminus g$. Wir müssen zeigen, daß $B \sim A$ oder $B \sim C$ ist. Wäre beides nicht der Fall, dann wäre $g \cap \overline{AB} \neq \phi$, $g \cap \overline{BC} \neq \phi$; da auch $g \cap \overline{AC} \neq \phi$ ist, müssen nach Satz 2.6 A, B, C auf einer Geraden liegen. (Im andern Fall sind wir fertig).

Wir wählen dann $P' \in g$, $P' \neq P$ und konstruieren C' bzgl. A, P' wie wir C bzgl. A, P konstruiert haben.

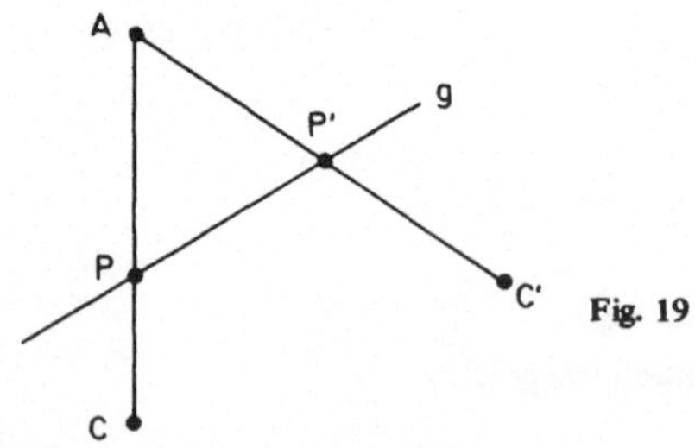

Fig. 19

Nach 2.6 ist $g \cap \overline{CC'} = \phi$, also $C \sim C'$. Da A, B, C' nicht auf einer Geraden liegen ist $B \sim A$ oder $B \sim C'$, also $B \sim A$ oder $B \sim C$, q.e.d.

Definition 2.9. Die beiden durch g nach 2.8 bestimmten Äquivalenzklassen auf $E \setminus g$ heißen die beiden *durch g bestimmten Halbebenen*. Eine Teilmenge $H \subset E$ heißt *Halbebene*, wenn es eine Gerade g gibt, so daß H eine der beiden durch g bestimmten Halbebenen ist.

Nach dem Gesagten ist klar, daß jede Gerade g eine disjunkte Zerlegung $E = g \cup H \cup H'$ bewirkt, wobei H und H' die beiden durch g bestimmten Halbebenen sind.

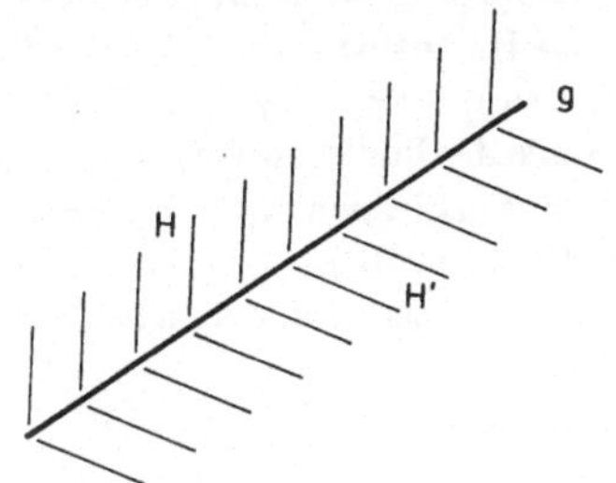

Fig. 20

Wir können jetzt auch leicht zeigen, daß jede Gerade g durch einen Punkt $P \in g$ in zwei „Halbgeraden" zerlegt wird:

Definition 2.10. Zwei Punkte $A, B \in g \setminus \{P\}$ heißen *äquivalent bzgl. P*, wenn $P \notin \overline{AB}$. Schreibweise: $A \underset{\widetilde{P}}{} B$.

Satz 2.11. $\underset{\widetilde{P}}{}$ ist eine Äquivalenzrelation auf $g \setminus \{P\}$, für die es genau zwei verschiedene Äquivalenzklassen gibt.

Beweis. Sei $Q \in E$, $Q \notin g$ und $h := g(P, Q)$. Genau dann gilt $A \underset{\widetilde{P}}{} B$, wenn $A \underset{\widetilde{h}}{} B$ gilt. Somit ist $\underset{\widetilde{P}}{}$ die Beschränkung der Äquivalenzrelation $\underset{\widetilde{h}}{}$ auf $g \setminus \{P\}$. Es ist daher klar, daß $\underset{\widetilde{P}}{}$ eine Äquivalenzrelation ist und daß es nicht mehr als zwei Äquivalenzklassen geben kann. Daß es mindestens zwei Äquivalenzklassen gibt, folgt aus B4), da zu jedem $A \in g \setminus \{P\}$ ein $C \in g \setminus \{P\}$ existiert mit $P \in \overline{AC}$.

Definition 2.12. Die beiden durch P auf $g \setminus \{P\}$ nach 2.11 bestimmten Äquivalenzklassen s, s' heißen die beiden *durch P und g bestimmten Halbgeraden*. Eine Teilmenge $s \subset E$ heißt ein *von $P \in E$ ausgehender Strahl*, wenn es eine durch P gehende Gerade g gibt, so daß s eine der beiden durch P und g bestimmten Halbgeraden ist.

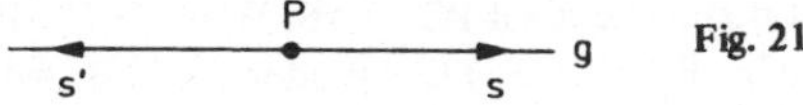

Fig. 21

Wir wollen jetzt die Begriffe „Halbebene" und „Halbgerade" im Beispiel 2.2 verdeutlichen:

Beispiel 2.13. Wir betrachten somit die Ebene $\mathbb{A}^2(K)$, wobei K ein Teilkörper von $\mathbb{R}$ ist. Für eine Gerade g mit der Gleichung

$$aX + bY = c \quad ((a, b) \neq (0, 0)) \quad \text{sei}$$

$$H := \{(x, y) \in K^2 \,|\, ax + by < c\}, \; H' := \{(x, y) \in K^2 \,|\, ax + by > c\}.$$

H und H′ sind gerade die beiden durch g bestimmten Halbebenen: Seien etwa $A = (x_1, y_1)$ und $B = (x_2, y_2)$ zwei Punkte von H. Analog wie in 2.2 betrachten wir die Funktion $f(\lambda) = \lambda[a(x_2 - x_1) + b(y_2 - y_1)] + ax_1 + by_1 - c$. Es ist dann $f(0) < 0$ und $f(1) < 0$, so daß aus der Monotonie der Funktion $f(\lambda) < 0$ für alle λ mit $0 \leq \lambda \leq 1$ folgt. Somit ist $\overline{AB} \in H$. Analog ergibt sich $\overline{AB} \in H'$, wenn $A \in H'$, $B \in H'$. Ist dagegen $A \in H$ und $B \in H'$, so ist $f(0) < 0$, $f(1) > 0$ und es muß ein $\lambda \in K$, $0 < \lambda < 1$ geben mit $f(\lambda) = 0$. In diesem Fall muß also $\overline{AB} \cap g \neq \phi$ sein.

Ganz ähnlich sieht man: Ist $P = (x_1, y_1) \in g$ und $b \neq 0$, so werden durch

$$s := \{(x, y) \in g \,|\, x < x_1\} \quad \text{und} \quad s' := \{(x, y) \in g \,|\, x > x_1\}$$

die beiden Halbgeraden beschrieben, in die g durch P zerlegt wird; für $b = 0$ durch

$$s := \{(x, y) \in g \,|\, y < y_1\}, \; s' := \{(x, y) \in g \,|\, y > y_1\}.$$

Es soll jetzt auch noch bewiesen werden, daß eine Strecke durch jeden ihrer Punkte in zwei Teilstrecken zerlegt wird:

Satz 2.14. Ist $\overline{AB}$ eine Strecke von E und $P \in \overline{AB}$, dann ist $\overline{AB} = \overline{AP} \cup \overline{PB}$, $\overline{AP} \cap \overline{PB} = \{P\}$.

Fig. 22

Beweis. Wenn $P = A$ oder $P = B$ ist, dann ist die Behauptung trivial. Wir dürfen daher annehmen, daß P ein innerer Punkt von $\overline{AB}$ ist. Wir zeigen zuerst, daß $\overline{AP} \subset \overline{AB}$.

Sei $Q \in \overline{AP}$. Wir haben zu zeigen, daß $Q \in \overline{AB}$. Dazu genügt es wieder, einen inneren Punkt Q von $\overline{AP}$ zu betrachten. Es ist dann $A\widetilde{P}Q$, da $P \notin \overline{AQ}$ nach B5). Ferner ist $A\overset{+}{P}B$, also $Q\overset{+}{P}B$, d. h. $P \in \overline{QB}$.

Wieder nach B5) ist dann $Q \notin \overline{PB}$, d. h. $P\widetilde{Q}B$. Da $A\overset{+}{Q}P$, folgt $A\overset{+}{Q}B$, d. h. $Q \in \overline{AB}$.

Es ist jetzt gezeigt, daß $\overline{AP} \subset \overline{AB}$. Entsprechend ist $\overline{PB} \subset \overline{AB}$. Wenn $Q \in \overline{AB}$, $Q \neq P$ ist, dann ist entweder $P\overset{+}{Q}A$ oder $P\overset{+}{Q}B$, also $Q \in \overline{AP}$ oder $Q \in \overline{PB}$, wobei genau eine der beiden Möglichkeiten zutrifft. Somit ist $\overline{AP} \cup \overline{PB} = \overline{AB}$ und $\overline{AP} \cap \overline{PB} = \{P\}$.

Korollar 2.15. Ist $\overline{AB}$ eine beliebige Strecke in E und $A', B' \in \overline{AB}$, dann ist $\overline{A'B'} \subset \overline{AB}$.

Fig. 23

Denn nach dem Satz ist $\overline{AA'} \subset \overline{AB}$ und $\overline{A'B} \subset \overline{AB}$. Ist $B' \in \overline{AA'}$, so folgt wieder nach dem Satz, daß $\overline{B'A'} = \overline{A'B'} \subset \overline{AB}$. Analog, wenn $B' \in \overline{A'B}$.

Korollar 2.16. Eine Strecke $\overline{AB}$ von E mit $A \neq B$ enthält unendlich viele Punkte.

Beweis. Nach 2.4 gibt es einen inneren Punkt $C_1 \in \overline{AB}$. Nach 2.15 ist $\overline{AC_1} \subset \overline{AB}$. Es gibt dann einen inneren Punkt $C_2 \in \overline{AC_1}$. Durch Induktion ergibt sich eine Folge $\{C_k\}_{k=1,2,\ldots}$ von paarweise verschiedenen Punkten aus $\overline{AB}$.

Insbesondere kann man also in einer endlichen Ebene (z. B. in $\mathbb{A}^2 (K)$ für einen endlichen Körper K) Strecken nicht im Einklang mit den Axiomen B1)–B6) definieren.

Definition 2.17. Ein *Winkel* mit dem Scheitel $P \in E$ ist eine Menge $\{P\} \cup s_1 \cup s_2$, wobei s_1, s_2 zwei von P ausgehende Strahlen sind. s_1, s_2 heißen die *Schenkel* des Winkels. Falls $s_1 = s_2$ ist heißt der Winkel ein *Nullwinkel*, falls es eine Gerade g gibt mit $g = \{P\} \cup s_1 \cup s_2$ ein *gestreckter Winkel*.

Es ist klar, wie *Nebenwinkel, Scheitelwinkel, Innen-* und *Außenwinkel eines Drei-ecks* zu definieren sind. Man beachte, daß nach der Definition 2.17 Winkel nicht mit einer „Orientierung" versehen sind.

Ein Winkel, der weder Nullwinkel noch gestreckter Winkel ist, besitzt ein *Inneres* und *Äußeres*. Sei α ein solcher Winkel mit dem Scheitel P und den Schenkeln s_1

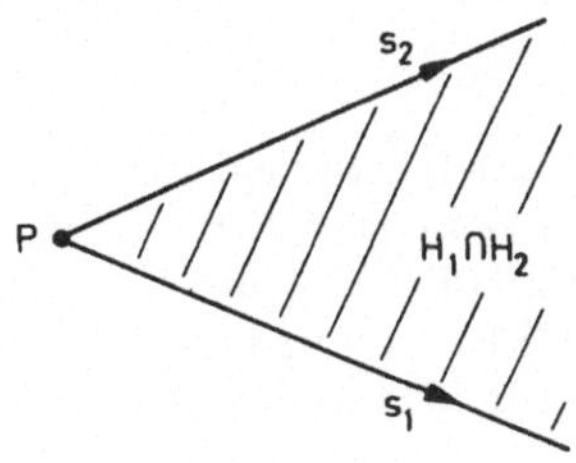

Fig. 24

und s_2 und sei H_1 (H_2) die durch s_1 (s_2) bestimmte Halbebene, die s_2 (s_1) enthält, dann wird $H_1 \cap H_2$ definiert als das Innere von α.

Das Innere des Winkels α hat z. B. folgende Eigenschaften:

Bemerkung 2.18

a) Ist Q ein Punkt des Innern von α, so liegt der von P ausgehende Strahl durch Q ebenfalls im Innern.

b) Ist $A \in s_1$, $B \in s_2$, so liegen die inneren Punkte von $\overline{AB}$ im Innern von α.

Dies folgt unmittelbar aus der Definition des Innern von α und den Eigenschaften einer Halbebene.

Noch nicht definieren können wir „rechte", „spitze" und „stumpfe" Winkel. Der folgende (in der Schulgeometrie nicht so sehr gebräuchliche) Begriff wird vor allem im nächsten Paragraphen eine Rolle spielen:

Definition 2.19. Eine *Flagge* in E ist ein Tripel (P, s, H), wobei P ein Punkt von E ist, s ein von P ausgehender Strahl und H eine der beiden durch s bestimmten Halbebenen.

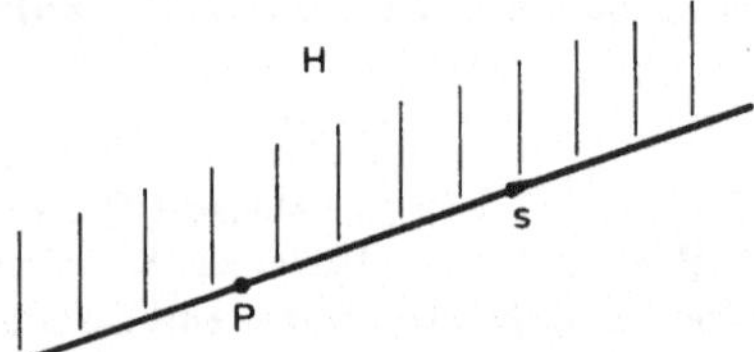

Fig. 25

Satz 2.20. (P, s, H) sei eine Flagge, s_1, s_2 seien zwei von P ausgehende, in H verlaufende Strahlen und α_i die Winkel mit den Schenkeln s, s_i (i = 1, 2). Dann ist genau eine der drei folgenden Bedingungen erfüllt:

a) $\alpha_1 = \alpha_2$,

b) s_1 liegt im Innern von α_2,

c) s_2 liegt im Innern von α_1.

Beweis. H_i, H_i' seien die beiden durch s_i bestimmten Halbebenen, wobei $s \in H_i$ (i = 1, 2). Wir nehmen an, daß $\alpha_1 \neq \alpha_2$, also $s_1 \neq s_2$ ist. Ist $s_2 \subset H_1$, so liegt s_2 im Innern $H_1 \cap H$ von α_1. Ist $s_2 \subset H_1'$, so wählen wir $A \in s_2$ und $B \in s$. Die Strecke $\overline{AB}$ liegt in $H \cup s$ und es ist $A \in H_1'$, $B \in H_1$, also $\overline{AB} \cap s_1 \neq \phi$. Der Schnittpunkt Q liegt nach 2.18, b) im Innern von α_2 und somit liegt s_1 im Innern von α_2 nach 2.18, a).

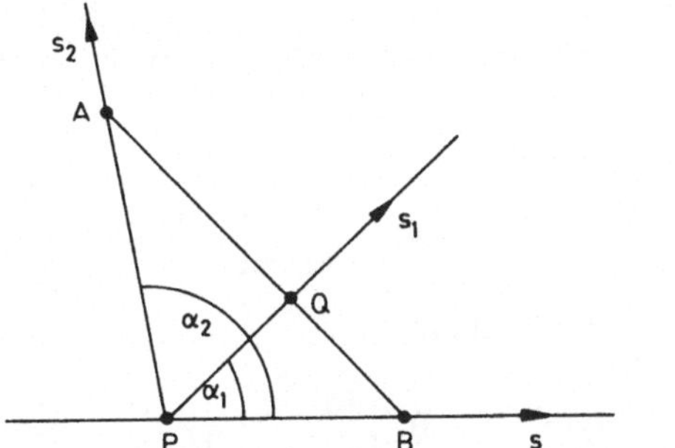

Fig. 26

Zwei Ebenen mit Strecken wird man dann als im wesentlichen gleich ansehen, wenn es einen Isomorphismus zwischen ihnen gibt, durch den die Strecken der einen Ebene bijektiv den der anderen Ebene entsprechen:

Seien (E, G) und (E', G') zwei Ebenen mit Strecken.

Definition 2.21. Ein Isomorphismus $\varphi : E \to E'$ heißt *streckenerhaltend*, wenn für alle $A, B \in E$ gilt:

$$\varphi(\overline{AB}) = \overline{\varphi(A)\,\varphi(B)}.$$

Satz 2.22

a) $\varphi : E \to E'$ sei ein streckenerhaltender Isomorphismus. Dann ist auch φ^{-1} streckenerhaltend.

b) Die streckenerhaltenden Automorphismen von (E, G) bilden eine Untergruppe von $\mathrm{Aut}(E, G)$.

Beweis

a) Wenn eine Strecke $\overline{A'B'}$ in E' gegeben ist, dann existieren Punkt $A, B \in E$ mit $\varphi(A) = A'$, $\varphi(B) = B'$ und es ist $\varphi(\overline{AB}) = \overline{A'B'}$. Durch Anwendung von φ^{-1} folgt $\overline{AB} = \overline{\varphi^{-1}(A')\,\varphi^{-1}(B')} = \varphi^{-1}(\overline{A'B'})$.

b) ergibt sich unmittelbar, da ja auch die Zusammensetzung zweier streckenerhaltender Isomorphismen offensichtlich streckenerhaltend ist.

Beispiel 2.23. Wie in Beispiel 2.2 betrachten wir $\mathbb{A}^2(K)$ für einen Teilkörper K von $\mathbb{R}$ als Ebene mit Strecken. σ sei ein Automorphismus von K und der Automorphismus $\varphi : K^2 \to K^2$ sei gegeben durch

$$\varphi(x, y) = (\sigma(x), \sigma(y)) \cdot \begin{pmatrix} a_{11} & a_{12} \\ a_{21} & a_{22} \end{pmatrix} + (b_1, b_2)$$

mit einer invertierbaren Matrix $(a_{ik})_{i,k=1,2}$, $a_{ik} \in K$ und $(b_1, b_2) \in K^2$ (vgl. §1, Beispiel 10)). Sind $A = (x_1, y_1)$, $B = (x_2, y_2)$ zwei Punkte aus $\mathbb{A}^2(K)$, so ergibt sich

$$\varphi((x_1, y_1) + \lambda(x_2 - x_1, y_2 - y_1)) =$$

$$= (\sigma(x_1 + \lambda(x_2 - x_1)), \sigma(y_1 + \lambda(y_2 - y_1)) \begin{pmatrix} a_{11} & a_{12} \\ a_{21} & a_{22} \end{pmatrix} + (b_1, b_2) =$$

$$= (\sigma(x_1), \sigma(y_1)) \begin{pmatrix} a_{11} & a_{12} \\ a_{21} & a_{22} \end{pmatrix} + (b_1, b_2) +$$

$$+ \sigma(\lambda) \left[(\sigma(x_2) - \sigma(x_1), \sigma(y_2) - \sigma(y_1)) \cdot \begin{pmatrix} a_{11} & a_{12} \\ a_{21} & a_{22} \end{pmatrix} \right] =$$

$$= \varphi(x_1, y_1) + \sigma(\lambda) \cdot \left[\varphi(x_2, y_2) - \varphi(x_1, y_1) \right]$$

für alle $\lambda \in K$, $0 \leq \lambda \leq 1$. φ ist somit genau dann streckenerhaltend, wenn der Automorphismus σ von K die Eigenschaft hat, daß für alle $\lambda \in K$ mit $0 \leq \lambda \leq 1$ auch $0 \leq \sigma(\lambda) \leq 1$ gilt. Für $K = \mathbb{Q}$ und $K = \mathbb{R}$ ist σ notwendigerweise die Identität und φ also streckenerhaltend.

Verwendet man noch den Hauptsatz der affinen Geometrie (§ 1, Beispiel 10), so ergibt sich für $\mathbb{A}^2(\mathbb{Q})$ und $\mathbb{A}^2(\mathbb{R})$, daß alle Automorphismen streckenerhaltend sind. Für allgemeinere Teilkörper von $\mathbb{R}$ braucht dies jedoch nicht der Fall zu sein.

Satz 2.24. Ist $\varphi : E \to E'$ ein streckenerhaltender Isomorphismus, dann bildet φ Halbebenen auf Halbebenen, Strahlen auf Strahlen und Winkel auf Winkel ab. Ist (P, s, H) eine Flagge in E, dann ist $(\varphi(P), \varphi(s), \varphi(H))$ eine Flagge in E'.

Beweis. Ist g eine Gerade in E, dann ist $\varphi(g)$ eine Gerade in E'. Für $A, B \in E \setminus g$ gilt $A \underset{g}{\sim} B$ genau dann, wenn $\overline{AB} \cap g = \phi$ ist. Dies ist genau dann der Fall, wenn $\varphi(\overline{AB}) \cap \varphi(g) = \phi$ ist, d. h. wenn $\varphi(A) \underset{\varphi(g)}{\sim} \varphi(B)$. Sind H und H' die beiden durch g bestimmten Halbebenen in E, so ergibt sich, daß $\varphi(H)$ und $\varphi(H')$ die beiden durch $\varphi(g)$ in E' bestimmten Halbebenen sind. Es werden also Halbebenen auf Halbebenen abgebildet. Analog ergibt sich, daß Strahlen auf Strahlen abgebildet werden. Für Winkel und Flaggen folgt die Behauptung dann unmittelbar.

Es ist auch klar, daß Nullwinkel in Nullwinkel, gestreckte in gestreckte Winkel übergehen und daß das Innere eines Winkels auf das Innere des Bildwinkels abgebildet wird.

Wir haben schon gesehen, daß man nicht in jeder Ebene Strecken so definieren kann, daß die Axiome B1)–B6) erfüllt sind. Wir wollen jetzt noch die Unabhängigkeit der Streckenaxiome untereinander beweisen:

Satz 2.25. Keines der Axiome B1)–B6) ist eine Folge der übrigen und der Inzidenzaxiome.

Beweis. Wir geben für jedes der Axiome ein Modell an, in dem alle Axiome – bis auf das betreffende Axiom selbst – erfüllt sind:

B1)   In $\mathbb{A}^2\,(\mathbb{R})$ definieren wir $\overline{AB}$ für $A = (x_1\,,y_1)$, $B = (x_2\,,y_2)$ durch

$$\overline{AB} = \{(x_1\,,y_1) + \lambda \cdot (x_2 - x_1\,, y_2 - y_1) \mid 0 < \lambda < 1\}$$

(d. h. wir lassen die Endpunkte der Strecken bei der üblichen Definition einfach weg). Es ist klar, daß B2)–B6) erfüllt sind.

<u>B2)</u>   In $\mathbb{A}^2\,(\mathbb{Q})$ soll für alle A die Strecke $\overline{AA}$ nur aus A bestehen, für $A \neq B$ soll $\overline{AB}$ folgendermaßen definiert werden:

Ist $A = (x_1\,,y_1)$, $B = (x_2\,,y_2)$, so soll $\overline{AB}$ bestehen aus A, B und den Punkten $C = (x, y)$ mit

$$(x - x_1)^2 + (y - y_1)^2 = (x - x_2)^2 + (y - y_2)^2$$

(oder äquivalent damit: $2(x_2 - x_1)x + 2(y_2 - y_1)y = x_2^2 - x_1^2 + y_2^2 - y_1^2$, Gleichung der „Mittelsenkrechten").

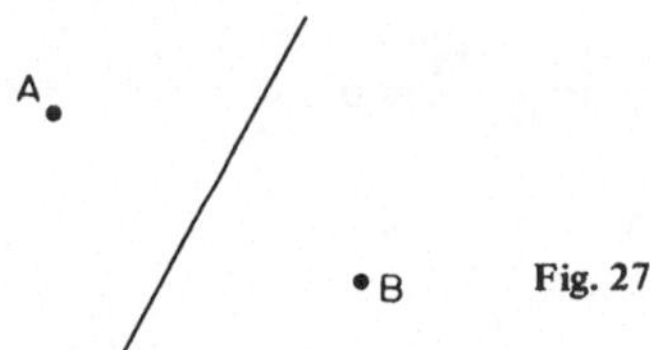

Es ist klar, daß B2) nicht erfüllt ist, daß aber B1), B3) und B4) gelten.

Wenn B5) verletzt wäre, dann müßte es Punkte $A := (x_1\,,y_1)$, $B := (x_2\,,y_2)$ und $C := (x, y)$ geben mit

$$(x - x_1)^2 + (y - y_1)^2 = (x - x_2)^2 + (y - y_2)^2 = (x_1 - x_2)^2 + (y_1 - y_2)^2$$

(A, B, C würden ein „gleichseitiges" Dreieck bilden).

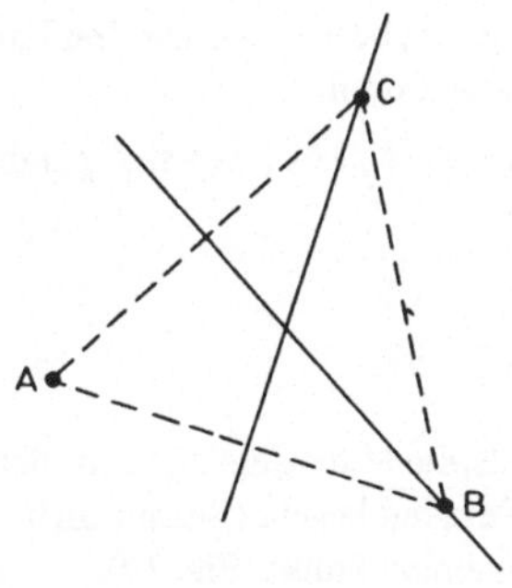

Wir zeigen, daß C keine rationalen Koordinaten haben kann. Nach einer Translation dürfen wir annehmen, daß $A = (0, 0)$ ist. Da $B \neq A$ ist, können wir ferner etwa $x_2 \neq 0$ annehmen. Die obigen Gleichungen reduzieren sich dann auf

$$x^2 + y^2 = (x - x_2)^2 + (y - y_2)^2 = x_2^2 + y_2^2.$$

Aus der ersten ergibt sich

$$-2x_2 x + x_2^2 - 2y_2 y + y_2^2 = 0,$$

also

$$x = -\frac{y_2}{x_2} y + \frac{x_2^2 + y_2^2}{2x_2}.$$

Einsetzen in die zweite Gleichung liefert

$$\left(-\frac{y_2}{x_2} y + \frac{x_2^2 + y_2^2}{2x_2} - x_2 \right)^2 + (y - y_2)^2 = x_2^2 + y_2^2$$

also

$$\frac{x_2^2 + y_2^2}{x_2^2} y^2 - \frac{x_2^2 + y_2^2}{x_2^2} y_2 y + \frac{x_2^2 + y_2^2}{2x_2} \cdot \frac{y_2^2 - 3x_2^2}{2x_2} = 0.$$

Nach Division durch den Koeffizienten von y^2 erhalten wir

$$\left(y - \frac{y_2}{2} \right)^2 = 3 \left(\frac{x_2}{2} \right)^2$$

oder

$$y = \pm \frac{x_2}{2} \sqrt{3} + \frac{y_2}{2}.$$

Wegen $x_2 \neq 0$ ist dies keine rationale Zahl! Die Annahme, daß B5) verletzt sei, hat also zu einem Widerspruch geführt. (NB. Wir haben gezeigt: In $\mathbb{Q}^2$ gibt es keine „gleichseitige Dreiecke").

Um die Gültigkeit des Axioms von Pasch nachzuprüfen, betrachten wir drei Punkte $A_i = (x_i, y_i)$ $(i = 1, 2, 3)$, die nicht auf einer Geraden liegen.

Keine zwei der drei „Mittelsenkrechten" des Dreiecks (A_1, A_2, A_3) sind parallel; betrachten wir etwa das Gleichungssystem

$$2(x_2 - x_1)X + 2(y_2 - y_1)Y = x_2^2 - x_1^2 + y_2^2 - y_1^2$$
$$2(x_3 - x_1)X + 2(y_3 - y_1)Y = x_3^2 - x_1^2 + y_3^2 - y_1^2.$$

Dieses besitzt eine eindeutige Lösung in $\mathbb{A}^2(\mathbb{Q})$, da die Matrix des Systems den Rang 2 besitzt, weil A_1, A_2, A_3 nicht auf einer Geraden liegen. (Bekanntlich schneiden sich sogar alle drei Mittelsenkrechten in einem Punkt, Fig. 29).

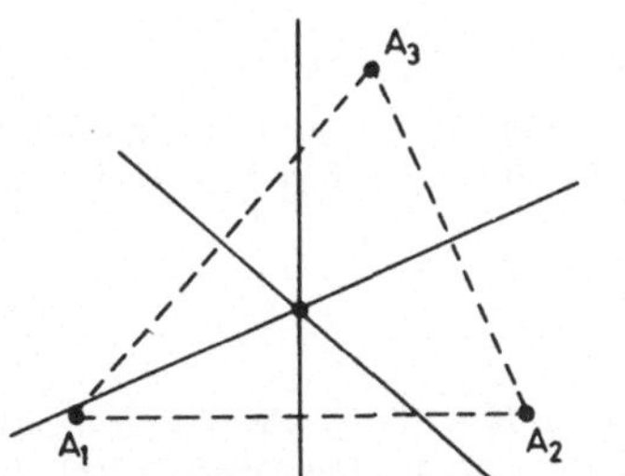

Fig. 29

Eine Gerade, die eine der „Mittelsenkrechten" schneidet, muß notwendigerweise
auch noch eine weitere treffen; dies zeigt, daß B6) hier ebenfalls gültig ist. Bis auf
B2) sind hier somit alle Streckenaxiome erfüllt.

B3)   In $\mathbb{A}^2$ (IR) soll $\overline{AB}$ für $A = (x_1, y_1)$, $B = (x_2, y_2)$ durch

$$\overline{AB} = \{(x_1, y_1) + \lambda(x_2 - x_1, y_2 - y_1) \mid 0 \leq \lambda < 1\}$$

definiert sein („Halboffenes Intervall"). Analog wie im Fall B1) sind alle Axiome
bis auf B3) erfüllt.

B4)   Wir nehmen eine beliebige Ebene und definieren $\overline{AB} := \{A, B\}$ für alle
$A, B \in E$. Trivialerweise sind dann alle Axiome bis auf B4) erfüllt.

B5)   Es sei $E = \mathbb{A}^2$ (IR). Für alle $A \in E$ sei $\overline{AA} = \{A\}$ und für $A, B \in E$, $A \neq B$,
sei $\overline{AB} = g(A, B)$. Offensichtlich sind dann alle Axiome erfüllt mit Ausnahme
von B5).

B6)   Hier sei $E := \mathbf{Z}^2$ die Menge der „Gitterpunkte" in $\mathbb{A}^2$ (IR). Eine Punktmenge g
von $\mathbf{Z}^2$ soll Gerade genannt werden, wenn es eine Gerade g′ in $\mathbb{A}^2$ (IR) gibt, die mindestens zwei Punkte von $\mathbf{Z}^2$ enthält, und g die Menge der Gitterpunkte auf der
Geraden g′ ist. g enthält dann unendlich viele Punkte von $\mathbf{Z}^2$. Für $A, B \in \mathbf{Z}^2$
definieren wir $\overline{AB}$ als Menge aller Gitterpunkte auf der Strecke von A nach B in $\mathbb{A}^2$ (IR).
Es ist sehr leicht nachzuprüfen, daß B1)–B5) erfüllt sind. B6) gilt nicht, wie das
folgende Beispiel zeigt:

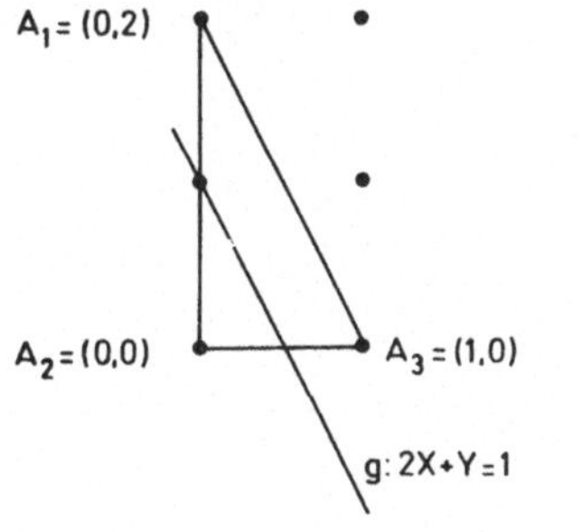

Fig. 30

Es ist $g \cap \overline{A_2 A_3} = \phi$, $g \cap \overline{A_1 A_3} = \phi$, aber $g \cap \overline{A_1 A_2} = \{(0, 1)\}$.

Wir haben jetzt für jedes der Streckenaxiome ein Beispiel gefunden, in dem die Inzidenzaxiome und alle Streckenaxiome bis auf das jeweilige Axiom selbst erfüllt sind. Der Satz ist damit bewiesen.

Hinweise für weitere Studien

Man kann das System der Streckenaxiome, das wir in diesem Paragraphen verwendet haben, ersetzen durch ein Axiomensystem für die „Zwischenrelation" (Anordnungsaxiome). Man *definiert* dann Strecken $\overline{AB}$ als Menge aller Punkte zwischen A und B einschließlich A und B selbst. Die meisten Lehrbücher gehen so vor (vgl. etwa Hilbert [11]). Es ist jedoch leicht zu sehen, daß das System der Streckenaxiome äquivalent ist mit dem der Anordnungsaxiome.

Mit dem Streckenbegriff steht der Begriff des *Polygons* in engem Zusammenhang (vgl. Übungsaufgabe 3). Viele Sätze über Polygone lassen sich bereits aus den Streckenaxiomen herleiten. Einige Beispiele enthalten die Übungsaufgaben 3)–5), für weitere verweisen wir auf die Literatur (Hilbert [11], Meschkowski [17]).

Wir beschäftigen uns hier nur mit ebener Geometrie. Natürlich kann man auch die räumliche Geometrie ganz ähnlich axiomatisch aufbauen, wie wir es für die ebene euklidische Geometrie tun. In der räumlichen Geometrie spielt der Begriff des *Polyeders* eine Rolle. Auch für Polyeder kann man schon vieles aus den räumlichen Inzidenz- und Anordnungsaxiomen herleiten, z. B. die Eulersche Polyederformel (Meschkowski [17]).

Übungsaufgaben

In den Aufgaben 1.–6. sei (E, G) eine Ebene mit Strecken.

1. Auf einer Geraden $g \subset E$ seien endlich viele Punkte $A_1, \dots, A_n$ gegeben. Zeige, daß es Indizes $i, j \in \{1, \dots, n\}$ gibt, so daß $A_k \in \overline{A_i A_j}$ für alle $k = 1, \dots, n$.

2. In E seien endlich viele, paarweise verschiedene Punkte $A_1, \dots, A_n$ gegeben. Zeige, daß es Indizes $i, j \in \{1, \dots, n\}$ mit $i \neq j$ gibt, so daß gilt: Eine der beiden durch $g(A_i, A_j)$ bestimmten Halbebenen enthält keinen der Punkte A_k ($k = 1, \dots, n$).

3. Ein *Polygon* in E ist eine Teilmenge der Form $\overline{A_1 A_2} \cup \overline{A_2 A_3} \cup \dots \cup \overline{A_{n-1} A_n}$ wobei $A_1, \dots, A_n \in E$, $A_i \neq A_{i+1}$ für $i = 1, \dots, n - 1$. Die Punkte A_i heißen *Ecken*, A_1 *Anfangspunkt*, A_n *Endpunkt* des Polygons. Die Strecken $\overline{A_i A_{i+1}}$ ($i = 1, \dots, n - 1$) heißen *Kanten* des Polygons. Das Polygon heißt *geschlossen*, wenn $A_1 = A_n$ ist, *doppelpunktfrei* wenn jeder innere Punkt einer Kante nur zu dieser Kante gehört, jeder Endpunkt einer Kante höchstens zu zwei Kanten.

   Man beweise die folgende Verallgemeinerung des Axioms von Pasch: Wenn eine Gerade g ein geschlossenes, doppelpunktfreies Polygon schneidet, aber keine Ecke enthält, dann ist die Anzahl der Schnittpunkte von g mit dem Polygon eine gerade Zahl.

4. In E seien 3 Punkte A_i ($i = 1, 2, 3$) gegeben, die nicht auf einer Geraden liegen. Ferner sei $\delta := \overline{A_1 A_2} \cup \overline{A_2 A_3} \cup \overline{A_3 A_1}$. Für Punkte $A, B \in E \setminus \delta$ wird definiert: $A \underset{\delta}{\sim} B$ soll genau dann gelten, wenn es ein Polygon p mit dem Anfangspunkt A und dem Endpunkt B gibt mit $p \cap \delta = \phi$.

   Zeige:

   a) $\underset{\delta}{\sim}$ ist eine Äquivalenzrelation auf $E \setminus \delta$.

   b) Es gibt genau zwei Äquivalenzklassen bzgl. $\underset{\delta}{\sim}$.

   c) Die eine der beiden Äquivalenzklassen enthält eine Gerade von E, die andere nicht.
   (Die zweite Klasse wird als das „Innere" des Dreiecks (A_1, A_2, A_3) bezeichnet).

5. Verallgemeinere Aufgabe 4. für beliebige geschlossene doppelpunktfreie Polygone.

6. Eine Teilmenge $M \subset E$ heißt *konvex*, wenn gilt: Für alle $A, B \in M$ ist auch $\overline{AB} \subset M$. Zeige, daß folgende Teilmengen von E konvex sind:

   a) Alle Geraden, alle Strecken, alle Strahlen.

   b) Jeder Durchschnitt von Halbebenen.

   c) Das Innere eines Dreiecks.

Die folgenden Aufgaben dienen dazu, weitere Beispiele für Ebenen mit Strecken zu gewinnen:

7. Ein Körper K heißt *geordnet*, wenn auf ihm eine Relation > 0 definiert ist, so daß folgende Axiome erfüllt sind:

   α) Für jedes $a \in K$ gilt genau eine der Beziehungen $a = 0$, $a > 0$, $-a > 0$.

   β) Für alle $a, b \in K$ folgt aus $a > 0$, $b > 0$ auch $a + b > 0$ und $a \cdot b > 0$.

   Sind $a, b \in K$, so schreibt man für $a - b > 0$ auch $a > b$ oder $b < a$. $a \geq b$ (bzw. $b \leq a$) bedeutet, daß $a > b$ oder $a = b$ ist.

   Man beweise, daß in einem geordneten Körper analog wie in $\mathbb{R}$ die folgenden Regeln für das Rechnen mit Ungleichungen gelten:

   a) Es ist $n \cdot 1 := \underbrace{1 + \ldots + 1}_{n\text{-mal}} > 0$ und $n \cdot (-1) < 0$ für $n \in \mathbb{N}$, $n \neq 0$.

   b) Für $a, b, c \in K$ und $a < b$ $(a \leq b)$ gilt $a + c < b + c$ $(a + c \leq b + c)$.

   c) Für $a, b, c \in K$, $a < b$, $c > 0$ gilt $ac < bc$, falls dagegen $c < 0$, so gilt $ac > bc$.

   d) Aus $a > b$, $b > c$ folgt $a > c$.

8. Ist K ein geordneter Körper, so definiere man für $A, B \in \mathbb{A}^2(K)$ die Strecke $\overline{AB}$ wie im Beispiel 2.2. Man zeige, daß die Streckenaxiome erfüllt sind und daß sich die Halbebenen in $\mathbb{A}^2(K)$ wie in Beispiel 2.13 beschreiben lassen.

9. (Beispiel eines nichtarchimedisch geordneten Körpers).

   Das *Archimedische Axiom* ist in einem geordneten Körper K erfüllt, wenn gilt: Für alle $a, b \in K$, $a > 0$, $b > 0$ gibt es ein $n \in \mathbb{N}$, so daß $n \cdot a > b$.

   Sei $K = \mathbb{R}(X)$ der Körper der rationalen Funktionen in einer Variablen X über $\mathbb{R}$ (Die Elemente von $\mathbb{R}(X)$ sind die Quotienten $\frac{f}{g}$, $g \neq 0$, wobei f und g Polynome in X mit Koeffizienten aus $\mathbb{R}$ sind und wobei wie üblich mit Brüchen gerechnet wird). Für $r \in \mathbb{R}(X)$ wird $r > 0$ definiert durch die Bedingung: Für alle genügend großen $x \in \mathbb{R}$ ist $r(x) > 0$. Zeige:

   a) $\mathbb{R}(X)$ ist ein geordneter Körper.

   b) Das Archimedische Axiom ist in $\mathbb{R}(X)$ nicht erfüllt.

Spiegelung und Symmetrie
Abbildung des Tadsch Mahal

§ 3. Bewegungen

In der Elementargeometrie spielt der Begriff der Kongruenz (Deckungsgleichheit) von „Figuren" eine wichtige Rolle. Kongruente Figuren lassen sich so aufeinanderlegen, daß sie sich gegenseitig vollständig überdecken. Man kann sich dieses Übereinanderlegen als durch eine Bewegung der Ebene bewirkt vorstellen. Dabei ist eine Bewegung anschaulich eine starre Verschiebung, Drehung oder Spiegelung an einer Geraden oder eine Zusammensetzung solcher Abbildungen. Nach unserer anschaulichen Vorstellung wird eine Flagge in der Ebene durch eine Bewegung wieder in eine Flagge überführt und wenn zwei Flaggen in der Ebene gegeben sind, dann gibt es genau eine Bewegung, die die eine Flagge mit der andern zur Deckung bringt. Diese Bewegung kann in der Tat immer durch höchstens 3 Spiegelungen bewirkt werden:

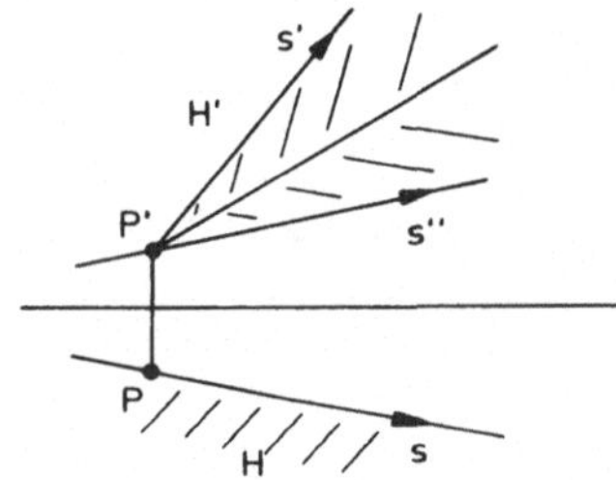

Sind (P, s, H) und (P', s', H') zwei Flaggen, so bringt man durch Spiegelung an der Mittelsenkrechten der Strecke $\overline{PP'}$ zunächst den Punkt P zum Punkt P'. Dabei wird s auf einen von P' ausgehenden Strahl s'' abgebildet. Durch Spiegelung an der Winkelhalbierenden des Winkels mit den Schenkeln s', s'' bringt man s'' mit s' zur Deckung. Insgesamt ist jetzt H übergeführt in eine der beiden durch s' bestimmten Halbebenen. Indem man, falls notwendig, noch an der durch s' bestimmten Gerade spiegelt, bringt man H endgültig mit H' zur Deckung.

Diese anschaulichen Sachverhalte bilden die Motivation für die abstrakte Definition von Bewegungen in einer Ebene mit Strecken. Durch Axiome werden einige Eigenschaften von Spiegelungen gefordert. Eine Bewegung wird dann definiert als eine Zusammensetzung von Spiegelungen, was nach der obigen Beschreibung ganz natürlich ist.

Es sei nun (E, G) eine Ebene mit Strecken, $\text{Aut}^s (E, G)$ die Gruppe der streckenerhaltenden Automorphismen von (E, G).

Es soll eine Abbildung $\sigma : G \to \text{Aut}^s (E, G)$ gegeben sein. Für jedes $g \in G$ heißt das Bild σ_g von g bei σ die *Spiegelung an g*. Ferner sollen folgende Axiome erfüllt sein:

C1) Ist g eine Gerade und sind H_1, H_2 die beiden durch g bestimmten Halbebenen, so ist $\sigma_g(P) = P$ für alle $P \in g$, $\sigma_g(H_1) = H_2$ (und folglich auch $\sigma_g(H_2) = H_1$).

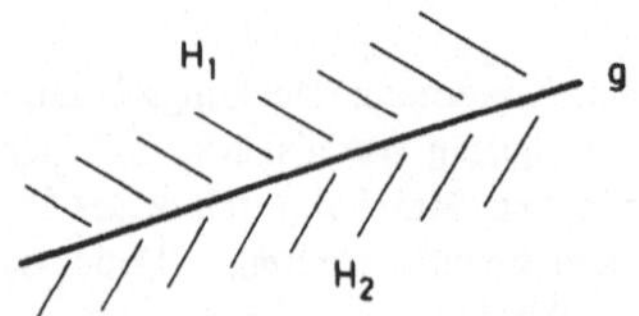

Fig. 32

C2) Für alle P, Q $\in E$ existiert eine Gerade g mit $\sigma_g(P) = Q$.

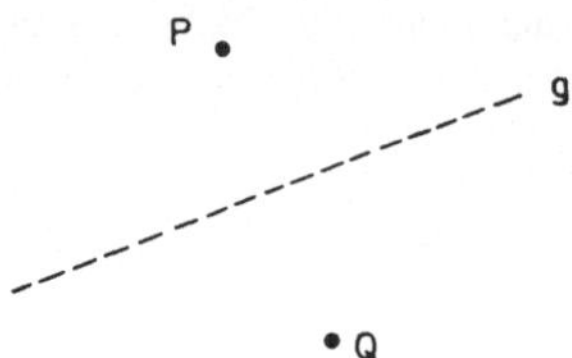

Fig. 33

C3) Sind s_1, s_2 zwei beliebige Strahlen in E, die von einem Punkt P $\in E$ ausgehen, dann gibt es ein g $\in G$ mit $\sigma_g(s_1) = s_2$.

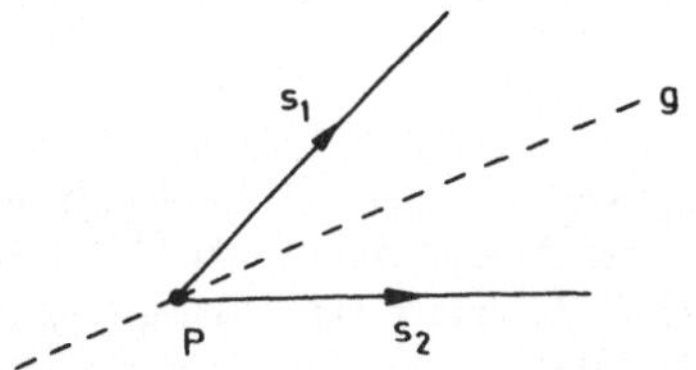

Fig. 34

Ein Produkt $\sigma_{g_1} \circ \ldots \circ \sigma_{g_n}$ von Spiegelungen wird eine *Bewegung* genannt. Dabei soll auch die identische Abbildung (als leeres Produkt von Spiegelungen) als eine Bewegung gelten.

Wir fordern noch

C4) Ist (P, s, H) eine Flagge in E und β eine Bewegung mit $\beta(P) = P$, $\beta(s) = s$, $\beta(H) = H$, dann ist $\beta = $ id. (Eine Bewegung, die eine Flagge „invariant" läßt, ist die identische Abbildung).

Die Axiome C1)–C4) nennen wir die *Bewegungsaxiome*. C2) bedeutet anschaulich, daß wir die Existenz einer „Mittelsenkrechten" fordern, C3) die Existenz einer „Winkelhalbierenden".

Definition 3.1. Wir sagen, daß (E, G) eine *Ebene mit Strecken und Bewegungen* sei, wenn zusätzlich zu den Strecken eine Abbildung $\sigma: G \to \mathrm{Aut}^s(E, G)$ gegeben ist, so daß die Axiome C1)–C4) erfüllt sind.

In einer Ebene mit Strecken und Bewegungen wollen wir nun Folgerungen aus den Axiomen herleiten, wobei wir uns zunächst nur der Axiome C1) und C4) bedienen werden.

Bemerkung 3.2. Ist σ_g die Spiegelung an der Geraden g, dann ist g = $\{P \mid \sigma_g(P) = P\}$.

Die Punkte von g bleiben bei σ_g fest, dagegen ist für $Q \notin g$ sicher $\sigma_g(Q) \neq Q$, denn σ_g vertauscht nach C1) die beiden durch g bestimmten Halbebenen.
Es ist damit insbesondere gezeigt, daß die Abbildung $\sigma: G \to \mathrm{Aut}^s\,(E, G)$ injektiv ist.

Bemerkung 3.3. Es ist $\sigma_g^2 = \mathrm{id}$ für alle $g \in G$ (Spiegelungen sind „involutorisch").

Zum Beweis wählen wir einen Punkt $P \in g$, einen von P ausgehenden Strahl $s \subset g$ und eine Halbebene H, die von g bestimmt wird. Dann läßt σ_g^2 nach C1) die Flagge (P, s, H) invariant und ist nach C4) die Identität.

Satz 3.4. Die Bewegungen bilden bezüglich der Komposition von Abbildungen eine Gruppe.

Beweis. Es ist klar nach der Definition einer Bewegung, daß die Zusammensetzung zweier Bewegungen wieder eine Bewegung ist. Da die identische Abbildung eine Bewegung ist, ist nur die Existenz des Inversen einer Bewegung $\beta = \sigma_{g_1} \circ \ldots \circ \sigma_{g_n}$ fraglich. Dieses wird wegen 3.3 gegeben durch $\beta^{-1} = \sigma_{g_n} \circ \ldots \circ \sigma_{g_1}$.

Wir nennen die obige Gruppe natürlich die *Bewegungsgruppe* der Ebene mit Strecken und Bewegungen. Sie ist eine Untergruppe von $\mathrm{Aut}^s\,(E, G)$.

Bemerkung 3.5. Sind (P_1, s_1, H_1) und (P_2, s_2, H_2) zwei Flaggen und β_1, β_2 zwei Bewegungen mit $\beta_i(P_1) = P_2, \beta_i(s_1) = s_2, \beta_i(H_1) = H_2$ für $i = 1, 2$, dann ist $\beta_1 = \beta_2$. Speziell: Eine Bewegung, die eine Gerade g punktweise festläßt und die beiden durch g bestimmten Halbebenen vertauscht, ist notwendigerweise die Spiegelung σ_g. Der Beweis für die erste Aussage folgt durch Anwendung von C4) auf $\beta_1^{-1} \circ \beta_2$, die zweite ergibt sich dann unmittelbar.
Wir können jetzt den Begriff des „Senkrechtstehens" von Geraden einführen und seine Eigenschaften diskutieren.

Definition 3.6. Sind $g, g' \in G$ gegeben, so heißt g' *orthogonal* zu g, wenn gilt:
a) $g' \neq g$.
b) $\sigma_g(g') = g'$.
Wir schreiben dann $g' \perp g$.

Bemerkung 3.7. Ist $g' \perp g$, dann ist $g' \cap g \neq \phi$.

Beweis. Sei $P \in g'$, $P \notin g$ und $Q := \sigma_g(P)$. Dann ist $Q \in g'$, $Q \neq P$ und somit $g' = g(P, Q)$. Da P und Q nicht in derselben der beiden durch g bestimmten Halbebenen liegen, ist $\overline{PQ} \cap g \neq \phi$, somit $g' \cap g \neq \phi$.

Bemerkung 3.8. Ist $g' \perp g$ und sind H_1 und H_2 die beiden durch g' bestimmten Halbebenen, dann gilt $\sigma_g(H_i) = H_i$ $(i = 1, 2)$.

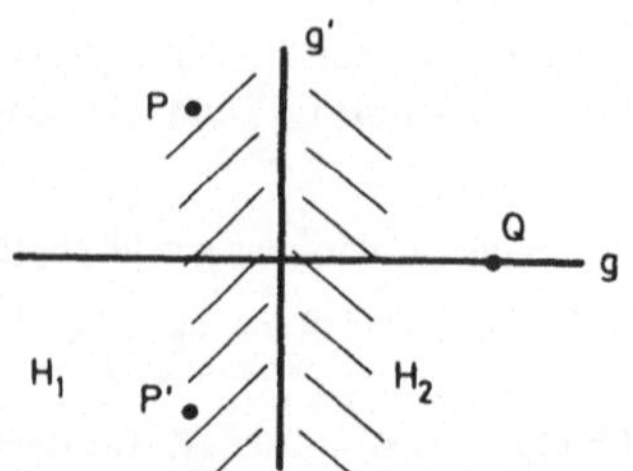

Fig. 35

Beweis. Sei $P \in H_1$ und $P' := \sigma_g(P)$. Wir wollen zeigen, daß auch $P' \in H_1$ ist und dürfen dazu $P' \neq P$ annehmen. Wir wählen $Q \in g \cap H_2$. Dann ist $\overline{PQ} \cap g' \neq \phi$. Durch Anwendung von σ_g ergibt sich, daß auch $\overline{P'Q} \cap g' \neq \phi$ ist. Aus $P \underset{g}{\not\sim} Q$ und $P' \underset{g}{\not\sim} Q$ folgt aber $P \underset{g}{\sim} P'$, d.h. $P' \in H_1$, da $P \in H_1$. Analog schließt man für H_2.

Satz 3.9. Sind g, g' Geraden und gilt $g' \perp g$, so ist $\sigma_{g'} \circ \sigma_g = \sigma_g \circ \sigma_{g'}$ und es gilt auch $g \perp g'$.

Beweis. Nach 3.7 schneiden sich g und g' in einem Punkt P. s_1 und s_2 seien die beiden durch P und g' bestimmten Strahlen, H_1 und H_2 die beiden durch g' bestimmten Halbebenen. Die Abbildungen $\sigma_{g'} \circ \sigma_g$ und $\sigma_g \circ \sigma_{g'}$ bilden beide P auf sich ab, ferner den Strahl s_1 auf s_2 und die Halbebene H_1 auf H_2. Nach 3.5 stimmen sie somit überein.

Für jeden Punkt $Q \in g$ ergibt sich jetzt $\sigma_{g'}(Q) = \sigma_{g'}(\sigma_g(Q)) = \sigma_g(\sigma_{g'}(Q))$, also $\sigma_{g'}(Q) \in g$ nach 3.2. Damit ist gezeigt, daß $\sigma_{g'}(g) = g$ ist, folglich $g \perp g'$.

Lemma 3.10. Ist g eine Gerade und β eine Bewegung von E, so gilt

$$\sigma_{\beta(g)} = \beta \circ \sigma_g \circ \beta^{-1}.$$

Beweis. Sei $Q \in \beta(g)$, $Q = \beta(P)$ mit einem $P \in g$. Dann ist $(\beta \circ \sigma_g \circ \beta^{-1})(Q) = $ $= \beta(\sigma_g(P)) = \beta(P) = Q$, d.h. $\beta \circ \sigma_g \circ \beta^{-1}$ läßt die Gerade $\beta(g)$ punktweise fest. Sind H, H' die beiden durch $\beta(g)$ bestimmten Halbebenen, dann ist $H = \beta(H_0)$, $H' = \beta(H_0')$, wobei H_0 und H_0' die beiden durch g bestimmten Halbebenen sind. Es ergibt sich $(\beta \circ \sigma_g \circ \beta^{-1})(H) = \beta(\sigma_g(H_0)) = \beta(H_0') = H'$. $\beta \circ \sigma_g \circ \beta^{-1}$ vertauscht also die beiden durch $\beta(g)$ bestimmten Halbebenen und ist nach 3.5 folglich die Abbildung $\sigma_{\beta(g)}$.

Satz 3.11. Jede Bewegung bildet orthogonale Geraden auf orthogonale Geraden ab: Aus $g' \perp g$ folgt $\beta(g') \perp \beta(g)$ für jede Bewegung β.

Nach 3.10 ist $\sigma_{\beta(g)}(\beta(g')) = (\beta \circ \sigma_g \circ \beta^{-1})(\beta(g')) = \beta(\sigma_g(g')) = \beta(g')$, also $\beta(g') \perp \beta(g)$.

Definition 3.12. Ein Winkel mit den Schenkeln s_1, s_2 heißt *rechter Winkel*, wenn gilt: Sind g_i die durch s_i bestimmten Geraden $(i = 1, 2)$, dann ist $g_1 \perp g_2$.
Nach 3.11 werden durch Bewegungen rechte Winkel auf rechte Winkel abgebildet.
In den bisherigen Ausführungen haben wir nur von den Axiomen C1) und C4) Gebrauch gemacht. Von jetzt ab werden auch C2) und C3) eine Rolle spielen.

Definition 3.13. Ist g eine Gerade und P ein Punkt von E, so heißt eine Gerade g′ mit $P \in g'$, $g' \perp g$ ein *Lot* von P auf g. Der Schnittpunkt $g' \cap g$ heißt der *Fußpunkt* des Lots von P auf g.

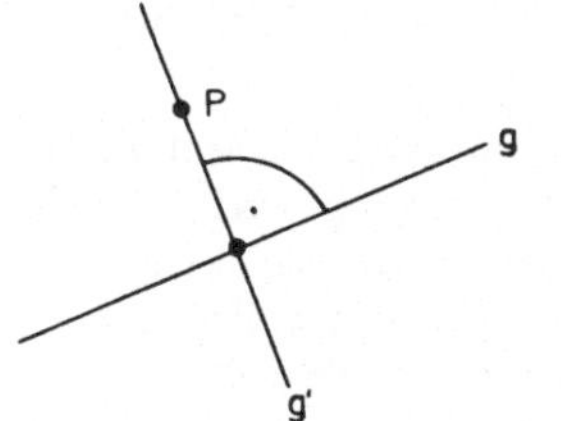

Fig. 36

Satz 3.14. (Existenz und Eindeutigkeit von Loten). Zu jeder Geraden g und jedem Punkt P aus E gibt es genau ein Lot von P auf g.

Beweis. Ist $P \notin g$, so sei $P' := \sigma_g(P)$ und $g' := g(P, P')$. Es ist dann $\sigma_g(P') = P$ nach 3.3, somit $\sigma_g(g') = g'$ und folglich $g' \perp g$.

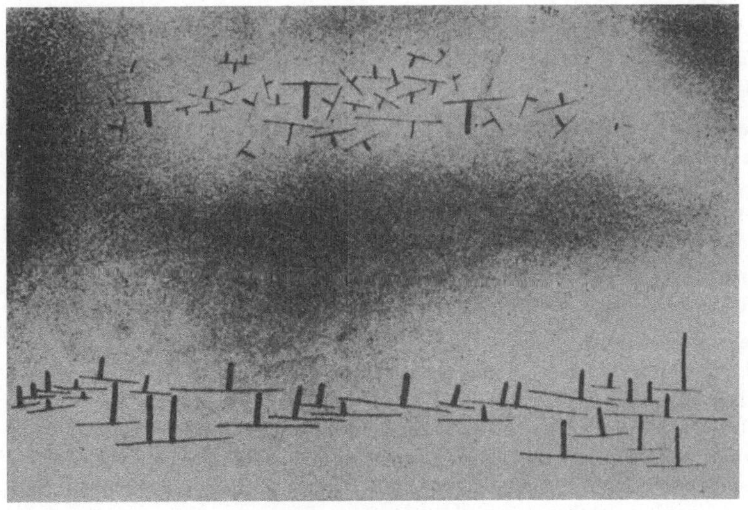

P. Klee: Lote (1925)
(Ordnung und Chaos)

Ist dagegen $P \in g$, so wählen wir zunächst irgendeine Gerade g' mit $g' \perp g$. Q sei der Schnittpunkt von g und g'. Ist $Q = P$, so ist g' das gesuchte Lot. Andernfalls können wir nach C2) eine Spiegelung σ_h finden mit $\sigma_h(Q) = P$. Da $P, Q \in g$, ist $g \perp h$. Sei $\sigma_h(g') =: g''$. Wir zeigen, daß g'' das gesuchte Lot von P auf g ist: Es ist $P \in g''$, da $Q \in g'$. Ferner ergibt sich mit Hilfe von 3.9, daß $\sigma_g(g'') = \sigma_g(\sigma_h(g')) = \sigma_h(\sigma_g(g')) = \sigma_h(g') = g''$, also $g'' \perp g$.

Zum Beweis der Eindeutigkeit des Lots nehmen wir jetzt an, daß $\overline{g}'$ ein weiteres Lot von P auf g sei. Dann ist auch $P' := \sigma_g(P) \in \overline{g}'$. Ist $P \notin g$, so folgt $\overline{g}' = g(P, P') = g'$. Ist dagegen $P \in g$, dann lassen $\sigma_{g'}$ und $\sigma_{\overline{g}'}$ beide P fest und bilden g auf sich ab, wobei die beiden von P ausgehenden Strahlen auf g vertauscht werden. Ferner werden nach 3.8 die beiden durch g bestimmten Halbebenen auf sich abgebildet. Aus 3.5 ergibt sich $\sigma_{\overline{g}'} = \sigma_{g'}$ und somit $\overline{g}' = g'$ nach 3.2.

Im Beweis haben wir gesehen: Ist $P \notin g$ und $P' := \sigma_g(P)$, $g' := g(P, P')$, dann ist $g' \perp g$. Dies bedeutet, daß unsere Spiegelungen „Orthogonalspiegelungen" sind, nicht „Schrägspiegelungen", so wie wir uns die Spiegelungen von Anfang an vorgestellt haben. Allerdings haben wir dies erst durch eine geeignete Definition der Orthogonalität erreicht.

Wir beweisen noch zwei ähnliche Eindeutigkeitsaussagen wie die Eindeutigkeit des Lots:

Satz 3.15
a) Für zwei Punkte $P, Q \in E$, $P \neq Q$ gibt es genau eine Gerade g mit $\sigma_g(P) = Q$.
b) Für jeden Winkel mit Schenkeln s_1 und s_2 gibt es genau eine Gerade g mit
$$\sigma_g(s_1) = s_2.$$

Beweis. Die Existenz von Geraden g mit den in a) und b) geforderten Eigenschaften ist gerade der Inhalt der Axiome C2) bzw. C3). Zum Beweis der Eindeutigkeit sei $g' := g(P, Q)$; ferner sei s_1 der von P ausgehende Strahl auf g', der Q nicht enthält und s_2 der von Q ausgehende Strahl auf g', der P nicht enthält. Ist g eine Gerade mit $\sigma_g(P) = Q$, so ist $\sigma_g(g') = g'$, wobei s_1 auf s_2 abgebildet wird. Aus $g' \perp g$ ergibt sich nach 3.8, daß jede der durch g' bestimmten Halbebenen durch σ_g auf sich abgebildet wird. Nach 3.5 ist hierdurch σ_g und somit auch g eindeutig festgelegt.

Sei jetzt g eine Gerade mit $\sigma_g(s_1) = s_2$. Ist $s_1 = s_2$, so ergibt sich $s_1 \subset g$ und g ist also durch den Winkel eindeutig festgelegt. Ist der Winkel ein gestreckter Winkel mit dem Scheitel P und liegen s_1 und s_2 auf der Geraden g', dann ist g das Lot von P auf g'. Wenn der Winkel weder Nullwinkel noch gestreckter Winkel ist, dann bildet σ_g den Scheitel P auf sich ab, ferner die durch s_1 bestimmte Halbebene, die s_2 nicht enthält, auf die durch s_2 bestimmte Halbebene, die s_1 nicht enthält. Nach 3.5 ist g hierdurch eindeutig festgelegt.

Definition 3.16. Für $P, Q \in E$, $P \neq Q$ heißt die Gerade g mit $\sigma_g(P) = Q$ die *Mittelsenkrechte* der Strecke $\overline{PQ}$. Der Schnittpunkt M von g mit $\overline{PQ}$ heißt der *Mittelpunkt* der Strecke $\overline{PQ}$.

Definition 3.17. Für einen Winkel mit Schenkeln s_1, s_2 heißt die Gerade g mit $\sigma_g(s_1) = s_2$ die *Winkelhalbierende* des Winkels.

Wir wollen jetzt noch die Begriffe „spitzer" und „stumpfer" Winkel definieren. Ist α ein Winkel mit dem Scheitel P und den Schenkeln s_1 und s_2, dann sei g_i die Gerade auf der s_i liegt und g_i' das Lot von P auf g_i (i = 1, 2).

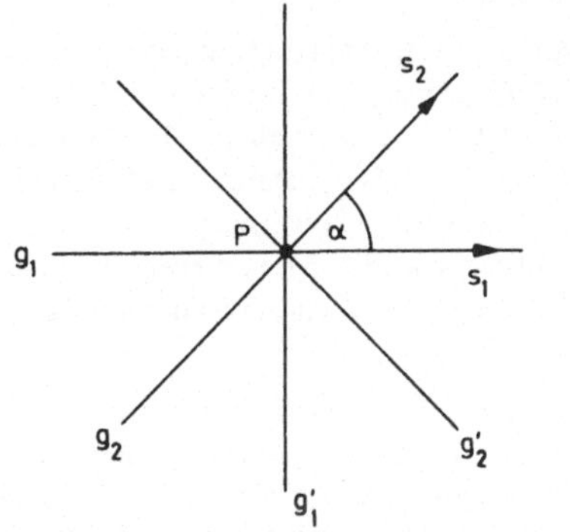

Fig. 37

Definition 3.18. α heißt ein *spitzer Winkel*, wenn s_1 und s_2 in derselben der durch g_1' bestimmten Halbebene liegen, *stumpfer Winkel*, wenn s_1 und s_2 in verschiedenen der von g_1' bestimmten Halbebenen liegen.

Die Definition sollte natürlich nicht davon abhängen, welchen Schenkel man bevorzugt. Daß dies auch nicht der Fall ist, zeigt

Lemma 3.19. Sei mit den obigen Bezeichnungen σ_h die Spiegelung mit $\sigma_h(s_1) = s_2$. Dann gilt auch $\sigma_h(g_1') = g_2'$.

Beweis. Aus $g_1' \perp g_1$ folgt $\sigma_h(g_1') \perp \sigma_h(g_1)$. Aus $\sigma_h(s_1) = s_2$ folgt $\sigma_h(g_1) = g_2$. Es ist also $\sigma_h(g_1')$ das Lot von P auf g_2, d. h. $\sigma_h(g_1') = g_2'$.

Man sieht nun sofort, daß man zur gleichen Definition eines spitzen oder stumpfen Winkels kommt, gleichgültig ob man g_1' oder g_2' verwendet. Es ist auch klar, daß durch eine Bewegung β ein spitzer (stumpfer) Winkel auf einen spitzen (stumpfen) Winkel abgebildet wird, weil die obige Figur 37 durch β in die entsprechende Figur für den Bildwinkel übergeführt wird.

Satz 3.20. (Existenz von Parallelen). Ist g eine Gerade und P ein Punkt von E, so gibt es mindestens eine Parallele g' zu g durch P.

Beweis. Wir können annehmen, daß $P \notin g$ ist. Sei Q der Fußpunkt des Lots h von P auf g und g' das Lot von P auf h. Es ist $g' \neq g$, da $P \in g'$, $P \notin g$. Hätten g und g' einen Punkt A gemeinsam, dann wären g und g' Lote von A auf h, also $g = g'$ nach 3.14. Folglich ist $g \cap g' = \phi$.

Die Eindeutigkeit einer Parallele zu g durch P kann man nicht beweisen. Wir werden später sehen, daß in der nichteuklidischen (hyperbolischen) Geometrie alle unsere bisherigen Axiome A), B) und C) erfüllt sind, während es zu einer Geraden g und einem Punkt $P \notin g$ unendlich viele Parallelen zu g durch P gibt.

Satz 3.21. (Satz von den drei Spiegelungen). Jede Bewegung kann als Produkt von höchstens 3 Spiegelungen geschrieben werden.

Der Beweis verläuft analog zu der am Anfang dieses Paragraphen gegebenen Beschreibung. Daß die Beweisschritte durchführbar sind, ist durch die Axiome oder schon bewiesene Tatsachen sichergestellt: Ist β eine Bewegung und (P, s, H) eine Flagge in E, so sei $P' := \beta(P)$, $s' := \beta(s)$ und $H' := \beta(H)$. Durch eine Spiegelung bringt man P mit P' zur Deckung (C2)), eine weitere Spiegelung sorgt dann dafür, daß das Bild von s mit s' zur Deckung gebracht wird (C3)) und eventuell eine nochmalige Spiegelung, daß auch H in H' übergeht. Nach 3.5 ist dann β das Produkt dieser Spiegelungen.

Wir haben nun bereits gesehen, daß sich viele Begriffe der Elementargeometrie im Rahmen unseres axiomatischen Aufbaus einführen lassen und wir haben manche bekannte Tatsachen aus den Axiomen hergeleitet. Für den Rest dieses Paragraphen werden wir uns noch mit „Drehungen" in einer Ebene mit Strecken und Bewegungen beschäftigen. Weitere elementargeometrische Tatsachen, die sich aus den bisherigen Axiomen ergeben, werden im nächsten Paragraphen behandelt werden.

Definition 3.22. Eine Bewegung β heißt *Drehung* um einen Punkt $P \in E$, wenn entweder $\beta = $ id ist oder β den Punkt P als einzigen Fixpunkt besitzt.

Satz 3.23

a) Sei β eine Drehung um $P \in E$ und g eine Gerade mit $P \in g$. Dann gibt es eine weitere Gerade g' mit $P \in g'$, so daß $\beta = \sigma_{g'} \circ \sigma_g$ ist.

b) Sind g_1, g_2 Geraden mit $P \in g_1 \cap g_2$, dann ist $\sigma_{g_2} \circ \sigma_{g_1}$ eine Drehung um P.

(Die Drehungen um P sind also nichts anderes als die Produkte von zwei Spiegelungen an Geraden durch P).

Beweis

a) Sei $s \subset g$ ein von P ausgehender Strahl und $s' := \beta(s)$. Ferner sei H eine durch g bestimmte Halbebene und $H' := \beta(H)$. Wir wählen g' so, daß $\sigma_{g'}(s) = s'$ ist. Dann ist $\sigma_{g'}(H) \neq H'$, denn andernfalls wäre nach 3.5 $\beta = \sigma_{g'}$ und β hätte mehr als einen Fixpunkt. Ist $\widetilde{H}$ die von H verschiedene an g angrenzende Halbebene, dann ist also $\sigma_{g'}(\widetilde{H}) = H'$. Es folgt $\sigma_{g'}(\sigma_g(H)) = \sigma_{g'}(\widetilde{H}) = H'$, ferner ist $\sigma_{g'}(\sigma_g(P)) = P$ und $\sigma_{g'}(\sigma_g(s)) = s'$. Es folgt $\beta = \sigma_{g'} \circ \sigma_g$.

b) Wir nehmen an, $Q \neq P$ sei ein Fixpunkt von $\sigma_{g_2} \circ \sigma_{g_1}$. Wenn $Q' := \sigma_{g_1}(Q)$ ist, dann ist auch $\sigma_{g_2}(Q') = Q$. Ist $Q = Q'$, dann ist $Q \in g_1 \cap g_2$ und aus $P \neq Q$ folgt $g_1 = g_2$, also $\sigma_{g_2} \circ \sigma_{g_1} = $ id. Ist $Q \neq Q'$, dann sind g_1 und g_2 Mittelsenkrechte der Strecke $\overline{QQ'}$, also gilt wieder $g_1 = g_2$ nach 3.15 a).

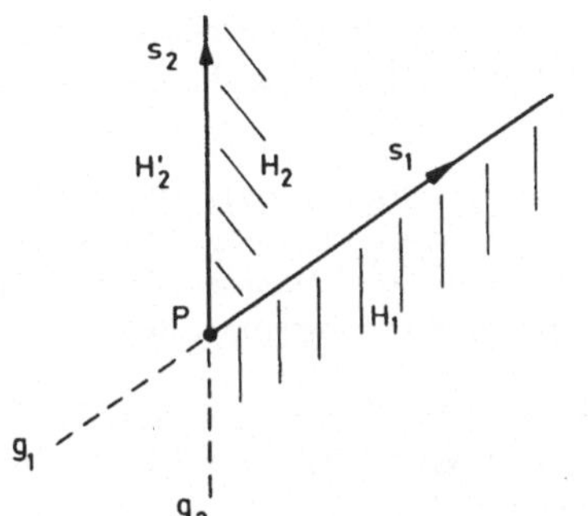

Korollar 3.24. Ist α ein Winkel mit dem Scheitel P und den Schenkeln s_1, s_2, so gibt es genau eine Drehung δ um P mit $\delta(s_1) = s_2$.

Beweis. Es sei g_i die Gerade, auf der s_i liegt ($i = 1, 2$), und σ_g sei die Spiegelung mit $\sigma_g(s_1) = s_2$. Die Drehung $\delta := \sigma_{g_2} \circ \sigma_g$ hat dann die Eigenschaft $\delta(s_1) = s_2$. Ist δ eine beliebige Drehung um P mit $\delta(s_1) = s_2$ und H_1 eine der durch g_1 bestimmten Halbebenen, dann ist $H_2 := \delta(H_1)$ verschieden von $H_2' := \sigma_g(H_1)$, denn andernfalls wäre $\delta = \sigma_g$ nach 3.5. Da δ somit die Flagge (P, s_1, H_1) in die Flagge (P, s_2, H_2) überführt, ist δ nach 3.5 eindeutig.

Hält man den einen Schenkel s_1 fest, so entsprechen die Drehungen um P eineindeutig den Winkeln mit Scheitel P und Schenkeln s_1, s_2, ganz wie wir uns das anschaulich von einer Drehung vorstellen.

Lemma 3.25. g_1, g_2, g_3 seien Geraden, die alle durch einen Punkt $P \in E$ gehen. Dann ist $\sigma_{g_3} \circ \sigma_{g_2} \circ \sigma_{g_1}$ eine Spiegelung σ_g mit $P \in g$. Ferner ist $\sigma_{g_3} \circ \sigma_{g_2} \circ \sigma_{g_1} = \sigma_{g_1} \circ \sigma_{g_2} \circ \sigma_{g_3}$.

Beweis. Da $\sigma_{g_3} \circ \sigma_{g_2}$ eine Drehung um P ist, können wir nach 3.23 a) schreiben $\sigma_{g_3} \circ \sigma_{g_2} = \sigma_g \circ \sigma_{g_1}$ mit einer geeigneten Gerade g durch P. Dann ist aber $\sigma_{g_3} \circ \sigma_{g_2} \circ \sigma_{g_1} = \sigma_g \circ \sigma_{g_1} \circ \sigma_{g_1} = \sigma_g$. Die zweite Behauptung ergibt sich, weil auch $\sigma_g = \sigma_g^{-1} = (\sigma_{g_3} \circ \sigma_{g_2} \circ \sigma_{g_1})^{-1} = \sigma_{g_1} \circ \sigma_{g_2} \circ \sigma_{g_3}$ ist.

Aus dem Lemma folgt sofort, daß jedes Produkt von Spiegelungen an Geraden durch P mit einer geraden Anzahl von Faktoren eine Drehung ist und eine Spiegelung, wenn die Anzahl der Faktoren ungerade ist. Weiter ergibt sich:

Satz 3.26. Die Bewegungen, die einen Punkt $P \in E$ festlassen, bilden eine Untergruppe der Bewegungsgruppe. Ihre Elemente sind die Drehungen um P und die Spiegelungen an Geraden durch P. Die Drehungen um P bilden ebenfalls eine Untergruppe der Bewegungsgruppe. Sie ist abelsch.

Beweis. Wenn zwei Bewegungen β_1, β_2 den Punkt P festlassen, dann tun dies auch $\beta_2 \circ \beta_1$ und $\beta_2^{-1} \circ \beta_1$, hieraus folgt die erste Behauptung des Satzes. Ist β eine Bewegung, die P festläßt, so bildet β einen von P ausgehenden Strahl s auf einen von P ausgehenden Strahl s' ab. β ist dann entweder die Drehung, die s in s' überführt oder die Spiegelung, die s auf s' abbildet.

Sind δ_1, δ_2 Drehungen um P und gilt $\delta_1 = \sigma_{g_1} \circ \sigma_{g_2}$, $\delta_2 = \sigma_{g_3} \circ \sigma_{g_4}$ mit Geraden g_i (i = 1, ... , 4) durch P, so sind $\delta_1 \circ \delta_2 = \sigma_{g_1} \circ \sigma_{g_2} \circ \sigma_{g_3} \circ \sigma_{g_4}$ und $\delta_1^{-1} = \sigma_{g_2} \circ \sigma_{g_1}$ Produkte einer geraden Anzahl von Spiegelungen, also Drehungen. Daraus folgt, daß die Drehungen um P eine Untergruppe der Bewegungsgruppe bilden.

Ferner ergibt sich mit Hilfe von 3.25, daß $\delta_1 \circ \delta_2 = (\sigma_{g_1} \circ \sigma_{g_2} \circ \sigma_{g_3}) \circ \sigma_{g_4} =$ $= (\sigma_{g_3} \circ \sigma_{g_2} \circ \sigma_{g_1}) \circ \sigma_{g_4} = \sigma_{g_3} \circ (\sigma_{g_2} \circ \sigma_{g_1} \circ \sigma_{g_4}) = (\sigma_{g_3} \circ \sigma_{g_4}) \circ (\sigma_{g_1} \circ \sigma_{g_2}) =$ $= \delta_2 \circ \delta_1$ ist, mithin ist die Drehungsgruppe abelsch.

Wir wollen jetzt Beispiele für Ebenen mit Strecken und Bewegungen betrachten und uns gleichzeitig einige Gedanken über die Unabhängigkeit der Axiome C1)–C4) machen:

Beispiele 3.27. $K \subset \mathbb{R}$ sei ein Teilkörper. $\mathbb{A}^2(K)$ werde wie in § 2 zu einer Ebene mit Strecken gemacht (2.2 und 2.13). Jeder Geraden g in $\mathbb{A}^2(K)$ mit der Gleichung $aX + bY = c$ ordnen wir die Abbildung $\sigma_g : K^2 \to K^2$ zu, die (in Matrizenschreibweise) gegeben wird durch

$$\sigma_g(x, y) = (x, y) \cdot \begin{pmatrix} \dfrac{-a^2 + b^2}{a^2 + b^2} , & \dfrac{-2\,ab}{a^2 + b^2} \\[2ex] \dfrac{-2\,ab}{a^2 + b^2} , & \dfrac{a^2 - b^2}{a^2 + b^2} \end{pmatrix} + \dfrac{2\,c}{a^2 + b^2} \cdot (a, b). \tag{1}$$

Man sieht sofort, daß σ_g nicht von der speziellen Gleichung für g sondern nur von g selbst abhängt. (In der Sprache der analytischen Geometrie ist die Formel (1) die Koordinatendarstellung der Orthogonalspiegelung an g). Die in (1) auftretende quadratische Matrix ist orthogonal, daher invertierbar und somit ist σ_g nach 2.23 ein streckenerhaltender Automorphismus von $\mathbb{A}^2(K)$. Damit ist eine Abbildung $\sigma : G \to \mathrm{Aut}^s(\mathbb{A}^2(K))$ definiert. Wir wollen kontrollieren, ob die Axiome C1)–C4) erfüllt sind. Wir verwenden dabei aus der linearen Algebra die Tatsache, daß für einen Automorphismus $\beta : \mathbb{A}^2(K) \to \mathbb{A}^2(K)$ der Form

$$\beta(x, y) = (x, y) \begin{pmatrix} a_{11} & a_{12} \\ a_{21} & a_{22} \end{pmatrix} + (t_1, t_2) \tag{2}$$

mit einer orthogonalen Matrix $\begin{pmatrix} a_{11} & a_{12} \\ a_{21} & a_{22} \end{pmatrix}$ gilt:

Sind $A = (x_1, y_1)$, $B = (x_2, y_2)$ Punkte von $\mathbb{A}^2(K)$, so ist

$$d(\beta(A), \beta(B)) = d(A, B), \tag{3}$$

wenn d die Abstandsfunktion

$$d(A, B) := \sqrt{(x_2 - x_1)^2 + (y_2 - y_1)^2}$$

bedeutet. Man kann dies auch leicht nachrechnen, indem man die Orthogonalität der Matrix benutzt.

C1) Sei $(x, y) \in K^2$ gegeben und $\sigma_g(x, y) := (x', y')$. Dann ist $ax' + by' =$

$$(x', y') \cdot \binom{a}{b} = (x, y) \cdot \begin{pmatrix} \dfrac{-a^2 + b^2}{a^2 + b^2}, & \dfrac{-2ab}{a^2 + b^2} \\ \dfrac{-2ab}{a^2 + b^2}, & \dfrac{a^2 - b^2}{a^2 + b^2} \end{pmatrix} \cdot \binom{a}{b} + \frac{2c}{a^2 + b^2} (a, b) \cdot \binom{a}{b}$$

$$= (x, y) \cdot \binom{-a}{-b} + 2c = (-ax - by + c) + c.$$

Sind $H_1 := \{(x, y) \mid ax + by < c\}$, $H_2 := \{(x, y) \mid ax + by > c\}$ die beiden durch g bestimmten Halbebenen (vgl. 2.13), so sieht man jetzt: Ist $(x, y) \in H_1$, so ist $(x', y') \in H_2$ und ist $(x, y) \in H_2$, so ist $(x', y') \in H_1$.

Ist ferner $(x, y) \in g$ und etwa $a \neq 0$, also $x = \frac{c}{a} - \frac{b}{a}y$, so zeigt die folgende Rechnung, daß $\sigma_g(x, y) = (x, y)$ ist:

$$\sigma_g(x, y) = \left(\frac{c}{a} - \frac{b}{a} y, y\right) \cdot \begin{pmatrix} \dfrac{-a^2 + b^2}{a^2 + b^2}, & \dfrac{-2ab}{a^2 + b^2} \\ \dfrac{-2ab}{a^2 + b^2}, & \dfrac{a^2 - b^2}{a^2 + b^2} \end{pmatrix} + \frac{2c}{a^2 + b^2} \cdot (a, b)$$

$$= \frac{1}{a^2 + b^2} \left[\left(\left(\frac{c}{a} - \frac{b}{a} y\right)(-a^2 + b^2) - 2aby, -2ab\left(\frac{c}{a} - \frac{b}{a} y\right) + (a^2 - b^2)y\right) + 2c(a, b)\right]$$

$$= \left(\frac{c}{a} - \frac{b}{a} y, y\right).$$

Damit ist die Gültigkeit von C1) nachgewiesen.

C2) $A = (x_1, y_1)$ und $B = (x_2, y_2)$ mit $A \neq B$ seien in K^2 gegeben. Für einen Punkt $C = (x, y)$ ist die Bedingung $d(A, C) = d(B, C)$ gleichwertig mit der Gültigkeit der Gleichung

$$2(x_2 - x_1)x + 2(y_2 - y_1)y = x_2^2 - x_1^2 + y_2^2 - y_1^2 \tag{4}$$

(Koordinatendarstellung der Mittelsenkrechten von $\overline{AB}$). Ist g die Gerade, die durch die Gleichung (4) gegeben wird, so folgt $\sigma_g(A) = B$.

Man wähle dazu Punkte $C_1, C_2 \in g$, $C_1 \neq C_2$. Dann ist $d(\sigma_g(A), C_i) = d(A, C_i) =$ $= d(B, C_i)$ für $i = 1, 2$. Es gibt aber höchstens 2 Punkte, die von C_1 und C_2 gleichen Abstand haben, wie man unmittelbar der Definition von $d(A, B)$ entnimmt. (Zwei verschiedene Kreise besitzen höchstens 2 Schnittpunkte). Es muß daher $\sigma_g(A) = B$ sein, da $\sigma_g(A) \neq A$. C2) ist somit ebenfalls erfüllt.

C4)   Jedes Produkt von Spiegelungen wird durch eine Gleichung der Form (2) mit einer orthogonalen Matrix $\begin{pmatrix} a_{11} & a_{12} \\ a_{21} & a_{22} \end{pmatrix}$ beschrieben. Aus der linearen Algebra ist bekannt, daß eine solche Abbildung schon durch die Vorgabe von 3 Punkten, die nicht auf einer Geraden liegen, und ihrer Bildpunkte eindeutig bestimmt ist.

Ist nun (P, s, H) eine Flagge in $\mathbb{A}^2(K)$ mit $\beta(P) = P$, $\beta(s) = s$ und $\beta(H) = H$, so wählen wir $Q \in s$ und $R \in H$. Dann ist $d(\beta(Q), P) = d(Q, P)$ und $\beta(Q) \in s$. Hieraus folgt $\beta(Q) = Q$, denn wenn $\beta(Q) \neq Q$ wäre, würde P zwischen Q und $\beta(Q)$ liegen, was nicht der Fall ist. Analog folgt aus $d(\beta(R), Q) = d(R, Q)$, $d(\beta(R), P) =$ $= d(R, P)$ und $\beta(R) \in H$, daß auch $\beta(R) = R$ ist. Da P, Q und R nicht auf einer Geraden liegen, ergibt sich $\beta = \mathrm{id}$ und C4) ist bestätigt.

C3)   Sei α ein Winkel mit dem Scheitel S und den Schenkeln s_1 und s_2. Wenn es Punkte $A \in s_1$, $B \in s_2$ mit $d(A, S) = d(B, S)$ gibt, dann folgt die Gültigkeit von C3): Nach C2) existiert eine Spiegelung σ_g mit $\sigma_g(A) = B$. Aus $d(A, S) =$ $= d(B, S)$ folgt $S \in g$. Dann ist aber notwendigerweise $\sigma_g(s_1) = s_2$.

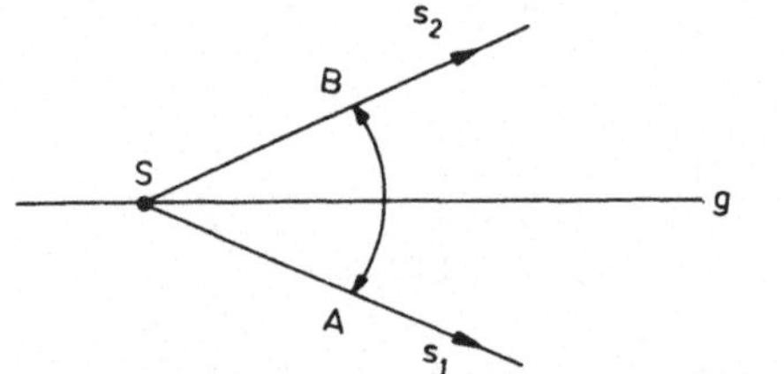

Umgekehrt, wenn ein solches σ_g existiert, so wählen wir $A \in s_1$ beliebig und setzen $B := \sigma_g(A)$. Es ist dann $d(B, S) = d(\sigma_g(A), S) = d(A, S)$. Die obige Bedingung ist also notwendig und hinreichend für die Gültigkeit von C3).

Die Bedingung ist sicher dann erfüllt, wenn K ein *pythagoreischer Körper* ist, d. h. wenn für alle $a, b \in K$ auch $\sqrt{a^2 + b^2} \in K$ ist. Denn, ist $S = (x, y)$ und sind $A = (x_1, y_1) \in s_1$, $B = (x_2, y_2) \in s_2$ beliebig gewählt, dann setzen wir

$$A' := (x, y) + \lambda_1(x_1 - x, y_1 - y) \text{ und } B' := (x, y) + \lambda_2(x_2 - x, y_2 - y) \text{ mit}$$

$$\lambda_i^{-1} = \sqrt{(x_i - x)^2 + (y_i - y)^2} \in K \ (i = 1, 2).$$

Es ist dann $A' \in s_1$, $B' \in s_2$ und $d(S, A') = d(S, B') = 1$. Wir haben damit gezeigt:

Ist K ein pythagoreischer Körper, dann sind die Bewegungsaxiome C1)–C4) erfüllt, wenn Spiegelungen in $\mathbb{A}^2(K)$ durch die Formel (1) definiert werden.

Speziell ist $K = \mathbb{R}$ ein pythagoreischer Körper, so daß $\mathbb{A}^2(\mathbb{R})$ eine Ebene mit Strecken und Bewegungen ist. Der Körper $\mathbb{Q}$ ist nicht pythagoreisch. Wir zeigen noch, daß für $K = \mathbb{Q}$ das Axiom C3) nicht erfüllt ist.

Man betrachte in $\mathbb{A}^2(\mathbb{Q})$ den Winkel α mit dem Scheitel $S = (0, 0)$ und den Schenkeln $s_1 := \{(x, x) \in \mathbb{Q}^2 \mid x > 0\}$, $s_2 := \{(x, 0) \in \mathbb{Q}^2 \mid x > 0\}$.

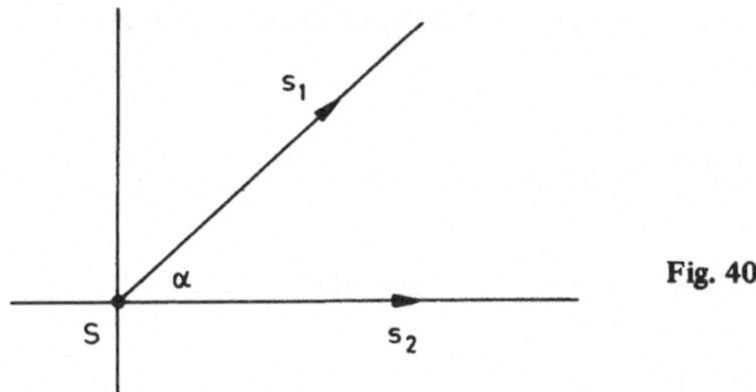

Für $A = (x, x) \in s_1$ ist $d(A, S) = x\sqrt{2}$ stets irrational, für $B = (x, 0) \in s_2$ ist $d(B, S) = x$ stets rational. Es ergibt sich, daß C3) in $\mathbb{A}^2(\mathbb{Q})$ verletzt ist (Mit andern Worten: In $\mathbb{A}^2(\mathbb{Q})$ besitzt nicht jeder Winkel eine Winkelhalbierende. Im obigen Beispiel enthält die Winkelhalbierende von α in $\mathbb{R}^2$ außer $(0, 0)$ keinen Punkt mit rationalen Koordinaten).

Wir haben jetzt insbesondere auch gezeigt, daß das Axiom C3) unabhängig ist von den Axiomen A), B), C1), C2) und C4).

Für einen pythagoreischen Körper K ergibt sich noch, daß jede Abbildung β der Form (2) mit beliebiger orthogonaler Matrix $(a_{ik})_{i,k=1,2}$ und beliebigem $(t_1, t_2) \in K^2$ eine Bewegung im Sinne der axiomatischen Definition ist, d. h. Produkt von Spiegelungen der Form (1). Nach dem Muster des Beweises für den Satz von den drei Spiegelungen sieht man auch hier, daß β Produkt von höchstens 3 Spiegelungen ist. Sind A, B, C Punkte von $\mathbb{A}^2(K)$, die nicht auf einer Geraden liegen und $A' := \beta(A)$, $B' := \beta(B)$, $C' := \beta(C)$ ihre Bildpunkte bei β, so wählen wir eine Spiegelung σ_{g_1} mit $\sigma_{g_1}(A) = A'$. Ist $B'' := \sigma_{g_1}(B)$, so ist $d(B'', A') =$ $= d(\sigma_{g_1}(B), \sigma_{g_1}(A)) = d(B, A) = d(\beta(B), \beta(A)) = d(B', A')$. Es gibt daher eine weitere Spiegelung σ_{g_2} mit $\sigma_{g_2}(B'') = B'$. Sei $C'' := \sigma_{g_2}(\sigma_{g_1}(C))$. Dann ist $d(C'', A') = d(C', A')$, $d(C'', B') = d(C', B')$ und falls noch nicht $C'' = C'$ ist, können wir durch eine weitere Spiegelung σ_{g_3} erreichen, daß $\sigma_{g_3}(C'') = C'$ wird. Ist $\beta' := \sigma_{g_3} \circ \sigma_{g_2} \circ \sigma_{g_1}$, so ist $\beta'(A) = A'$, $\beta'(B) = B'$ und $\beta'(C) = C'$, also $\beta = \beta'$.

In Übungsaufgabe 5) kann sich der Leser davon überzeugen, daß Axiom C4) von den Axiomen A), B) und C1)–C3) unabhängig ist. Es würde hier zu weit führen, auch die Unabhängigkeit von C1) und C2) von den übrigen Axiomen zu untersuchen.

Es seien jetzt zwei Ebenen (E, G) und (E', G') mit Strecken und Bewegungen gegeben. B sei die Bewegungsgruppe von (E, G), B' die von (E', G'). Man kann die

Ebenen als identisch ansehen, wenn es zwischen ihnen einen Isomorphismus im folgenden Sinn gibt:

Definition 3.28. Ein *Isomorphismus* $\varphi : (E, G) \to (E', G')$ *von Ebenen mit Strecken und Bewegungen* ist ein streckenerhaltender Isomorphismus, der überdies die folgende Eigenschaft besitzt: Für jedes $\beta \in B$ ist $\varphi \circ \beta \circ \varphi^{-1} \in B'$. Im Fall $E = E'$, $G = G'$ spricht man auch von einem *Automorphismus* der Ebene mit Strecken und Bewegungen.

Satz 3.29. Ist $\varphi : (E, G) \to (E', G')$ ein Isomorphismus von Strecken und Bewegungen, so gilt:

a) Für jedes $g \in G$ ist $\varphi \circ \sigma_g \circ \varphi^{-1} = \sigma_{\varphi(g)}$, die Spiegelung an der Geraden $\varphi(g) \in G'$.

b) Die Abbildung $\phi : B \to B'$, $\phi(\beta) = \varphi \circ \beta \circ \varphi^{-1}$ ist ein Gruppenisomorphismus.

c) $\varphi^{-1} : (E', G') \to (E, G)$ ist ebenfalls ein Isomorphismus von Ebenen mit Strecken und Bewegungen.

d) Die Automorphismen der Ebene (E, G) mit Strecken und Bewegungen bilden eine Untergruppe von $\mathrm{Aut}^s (E, G)$.

Beweis

a) Seien H und H$'$ die beiden durch g bestimmten Halbebenen von E. Da φ streckenerhaltend ist, sind dann $\varphi(\mathrm{H})$ und $\varphi(\mathrm{H}')$ die beiden durch $\varphi(g)$ bestimmten Halbebenen von E'. Für $\mathrm{P}' \in \varphi(g)$ wählen wir $\mathrm{P} \in g$ mit $\varphi(\mathrm{P}) = \mathrm{P}'$. Dann gilt: $(\varphi \circ \sigma_g \circ \varphi^{-1})\,(\mathrm{P}') = \varphi(\sigma_g(\mathrm{P})) = \varphi(\mathrm{P}) = \mathrm{P}'$, $(\varphi \circ \sigma_g \circ \varphi^{-1})\,(\varphi(\mathrm{H})) = \varphi(\sigma_g(\mathrm{H})) = \varphi(\mathrm{H}')$ und entsprechend $(\varphi \circ \sigma_g \circ \varphi^{-1})\,(\varphi(\mathrm{H}')) = \varphi(\mathrm{H})$. Es folgt $\varphi \circ \sigma_g \circ \varphi^{-1} = \sigma_{\varphi(g)}$ nach 3.5.

b) Es ist zu zeigen, daß $\phi(\beta_2 \circ \beta_1) = \phi(\beta_2) \circ \phi(\beta_1)$ für alle $\beta_1, \beta_2 \in B$ gilt und daß ϕ bijektiv ist. Die erste Bedingung ergibt sich unmittelbar: $\phi(\beta_2 \circ \beta_1) =$
$= \varphi \circ (\beta_2 \circ \beta_1) \circ \varphi^{-1} = (\varphi \circ \beta_2 \circ \varphi^{-1}) \circ (\varphi \circ \beta_1 \circ \varphi^{-1}) = \phi(\beta_2) \circ \phi(\beta_1)$. ϕ ist surjektiv, denn ist $\beta' \in B'$, $\beta' = \sigma_{g_n'} \circ \ldots \circ \sigma_{g_1'}$ mit $g_1', \ldots, g_n' \in G'$, so wählen wir Geraden $g_i \in G$ mit $\varphi(g_i) = g_i'$ $(i = 1, \ldots, n)$ und setzen $\beta = \sigma_{g_n} \circ \ldots \circ \sigma_{g_1}$. Es ist dann $\phi(\beta) = \phi(\sigma_{g_n}) \circ \ldots \circ \phi(\sigma_{g_1}) = \sigma_{g_n'} \circ \ldots \circ \sigma_{g_1'} = \beta'$ nach a).

Ferner ist $\varphi^{-1} \circ \beta' \circ \varphi = \varphi^{-1} \circ (\varphi \circ \beta \circ \varphi^{-1}) \circ \varphi = \beta$, d. h. die Abbildung $\psi : B' \to B$, $\psi(\beta') = \varphi^{-1} \circ \beta' \circ \varphi$ ist Umkehrabbildung von ϕ. Damit ist b) bewiesen; gleichzeitig hat sich auch c) ergeben, denn ψ ist ja die durch φ^{-1} bewirkte Abbildung.

d) ergibt sich aus c) und der Tatsache, daß die Zusammensetzung zweier Isomorphismen von Ebenen mit Strecken und Bewegungen wieder ein solcher Isomorphismus ist auf Grund der Rechenregel: $(\varphi_2 \circ \varphi_1) \circ \beta \circ (\varphi_2 \circ \varphi_1)^{-1} =$
$= \varphi_2 \circ (\varphi_1 \circ \beta \circ \varphi_1^{-1}) \circ \varphi_2^{-1}$.

Ein Isomorphismus $\varphi : (E, G) \to (E', G')$ von Ebenen mit Strecken und Bewegungen „verpflanzt" die Bewegungen β von E nach E' und jede Bewegung β' von E' wird aus einem eindeutig bestimmten β durch Verpflanzen gewonnen:

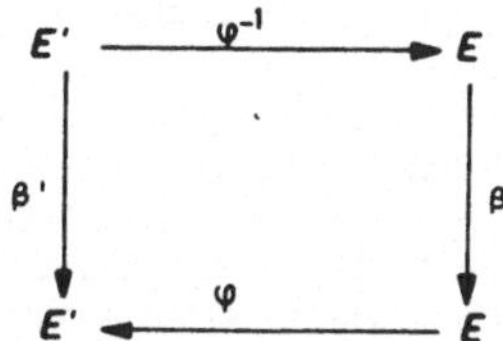

Die Bewegungen $\beta \in B$ sind stets Automorphismen von (E, G) als Ebene mit Strecken und Bewegungen, denn für jedes $\bar{\beta} \in B$ ist natürlich auch $\beta \circ \bar{\beta} \circ \beta^{-1} \in B$. Es kann jedoch passieren, daß außer den Bewegungen noch weitere Automorphismen vorkommen, wie das folgende Beispiel zeigt:

Beispiel 3.30. Für einen pythagoreischen Teilkörper K von $\mathbb{R}$ betrachten wir $\mathbb{A}^2$ (K) mit den Strecken und Bewegungen wie in Beispiel 3.27. Es sei $\lambda \in K$, $\lambda \neq 0$ und $\varphi : K^2 \to K^2$ die Abbildung mit $\varphi(x, y) = (\lambda x, \lambda y)$ für alle $(x, y) \in K^2$. (Ähnlichkeitsabbildung). Für die Spiegelung an der Geraden g mit der Gleichung $aX + bY = c$ ergibt sich dann

$$(\varphi \circ \sigma_g \circ \varphi^{-1})\,(x, y) = \lambda \cdot \left[(\lambda^{-1}x, \lambda^{-1}y) \cdot \begin{pmatrix} \dfrac{-a^2 + b^2}{a^2 + b^2} & \dfrac{-2\,ab}{a^2 + b^2} \\[2mm] \dfrac{-2\,ab}{a^2 + b^2} & \dfrac{a^2 - b^2}{a^2 + b^2} \end{pmatrix} + \dfrac{2c}{a^2 + b^2}\,(a, b) \right.$$

$$= (x, y) \cdot \begin{pmatrix} \dfrac{-a^2 + b^2}{a^2 + b^2} & \dfrac{-2\,ab}{a^2 + b^2} \\[2mm] \dfrac{-2\,ab}{a^2 + b^2} & \dfrac{a^2 - b^2}{a^2 + b^2} \end{pmatrix} + \dfrac{2\lambda c}{a^2 + b^2}\,(a, b),$$

d. h. $\varphi \circ \sigma_g \circ \varphi^{-1}$ ist die Spiegelung an der Geraden mit der Gleichung $aX + bY = \lambda c$. Für alle Bewegungen β ist dann natürlich auch $\varphi \circ \beta \circ \varphi^{-1}$ eine Bewegung. Für $\lambda \neq \pm 1$ ist aber φ selbst keine Bewegung, denn dann ist die Matrix $\begin{pmatrix} \lambda & 0 \\ 0 & \lambda \end{pmatrix}$ nicht orthogonal.

Vorschläge für weitere Studien

Man kann zeigen, daß das Produkt einer ungeraden Anzahl von Spiegelungen niemals die identische Abbildung ist. Die Bewegungen zerfallen daher in die „eigentlichen" Bewegungen, welche sich als Produkt einer geraden Zahl von Spiegelungen schreiben lassen, und die „uneigentlichen" Bewegungen, die Produkte einer ungeraden Zahl von Spiegelungen sind. Die eigentlichen Bewegungen bilden eine Untergruppe der Bewegungsgruppe. Die Existenz eigentlicher und uneigentlicher Bewegungen kann man dazu benutzen, die Ebene mit zwei „Orientierungen" zu versehen.

Der Text von § 3 hat gezeigt, wie schnell man durch algebraisches Operieren mit Spiegelungen viele grundlegende Tatsachen über Bewegungen ableiten kann. Man kann dies noch konsequenter ausnutzen und überhaupt den Begriff der Spiegelung an den Anfang der Geometrie stellen. Die Begriffe „Punkt" und „Gerade" werden erst hinterher aus dem Spiegelungsbegriff gewonnen. Dies ist durchgeführt in dem Buch von F. Bachmann [2]. Man vergleiche hierzu auch den Aufbau bei H. Lenz [15].

Auch in der Schulgeometrie bedient man sich in neuerer Zeit des „abbildungsgeometrischen" Aufbaus, während früher der Begriff der „Kongruenz" im Vordergrund stand. Der Leser möge unseren Aufbau der Geometrie vergleichen mit dem eines neueren Schulbuches. Es dürfte sich von selbst verstehen, daß die in den Paragraphen 1–3 vorgestellte abstrakte Grundlegung der Geometrie nicht für eine erste Einführung in die Geometrie geeignet ist, sondern allenfalls in den Oberklassen des Gymnasiums mit besonders interessierten Schülern erarbeitet werden sollte.

Übungsaufgaben

In den Aufgaben 1.–4. ist eine Ebene (E, G) mit Strecken und Bewegungen gegeben.

1. Eine Bewegung mit zwei verschiedenen Fixpunkten ist eine Spiegelung oder die Identität.

2. Sind σ_1, σ_2 Spiegelungen, dann ist $\sigma_2 \circ \sigma_1$ keine Spiegelung.

3. Für $P \in E$ sei D_P die Gruppe der Drehungen um P. Ist $Q \in E$ und σ die Spiegelung mit $\sigma(P) = Q$, dann ist $D_Q = \sigma D_P \sigma := \{\sigma \circ \delta \circ \sigma \mid \delta \in D_P\}$.

4. In (E, G) gelte das Parallelenaxiom (§ 1, Aufgabe 2). Eine Bewegung τ heißt in diesem Fall *Translation*, wenn gilt:

   α) Für alle $g \in G$ ist $\tau(g) \parallel g$.

   β) Wenn τ einen Fixpunkt besitzt, dann ist $\tau = \text{id}$.

   Man zeige:

   a) Ist $\tau \neq \text{id}$ eine Translation, so ist $g(P, \tau(P)) \parallel g(Q, \tau(Q))$ für alle $P, Q \in E$.

   b) Eine Translation τ ist durch Angabe eines Punktes $P \in E$ und seines Bildpunktes $\tau(P)$ schon eindeutig bestimmt.

   c) Sind $g_1, g_2 \in G$, $g_1 \parallel g_2$, dann ist $\sigma_{g_2} \circ \sigma_{g_1}$ eine Translation.

   d) Für je zwei Punkte $P, Q \in E$ gibt es (genau) eine Translation τ mit $\tau(P) = Q$. Die Translationen sind gerade die Produkte $\sigma_{g_2} \circ \sigma_{g_1}$ mit $g_1 \parallel g_2$.

   e) Die Translationen bilden eine Untergruppe der Bewegungsgruppe. Sie ist abelsch.

5. In $\mathbb{A}^2(\mathbb{R})$ werde jeder Gerade g mit der Gleichung $aX + bY = c$ die Abbildung σ_g mit

$$\sigma_g(x, y) = (x, y) \cdot \begin{pmatrix} \dfrac{b^2 - 2a^2}{a^2 + b^2}, & \dfrac{-3ab}{a^2 + b^2} \\[2mm] \dfrac{-3ab}{a^2 + b^2}, & \dfrac{a^2 - 2b^2}{a^2 + b^2} \end{pmatrix} + \dfrac{3c}{a^2 + b^2}(a, b)$$

für alle $(x, y) \in \mathbb{R}^2$ zugeordnet.

a) Man gebe eine geometrische Veranschaulichung dieser Abbildung.

b) Man berechne σ_g^2.

c) Man zeige, daß für die σ_g die Bewegungsaxiome C1)–C3) erfüllt sind, daß aber C4) nicht gilt.

6.

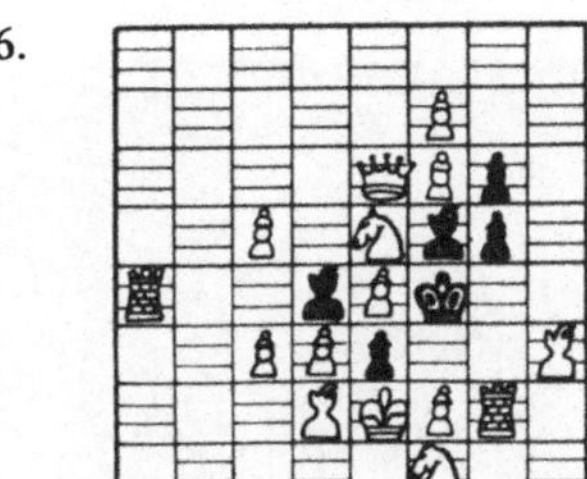

Weiß zieht und setzt in einem Zug matt

(Die Lösung dieser Aufgabe steht auf S. 140.)

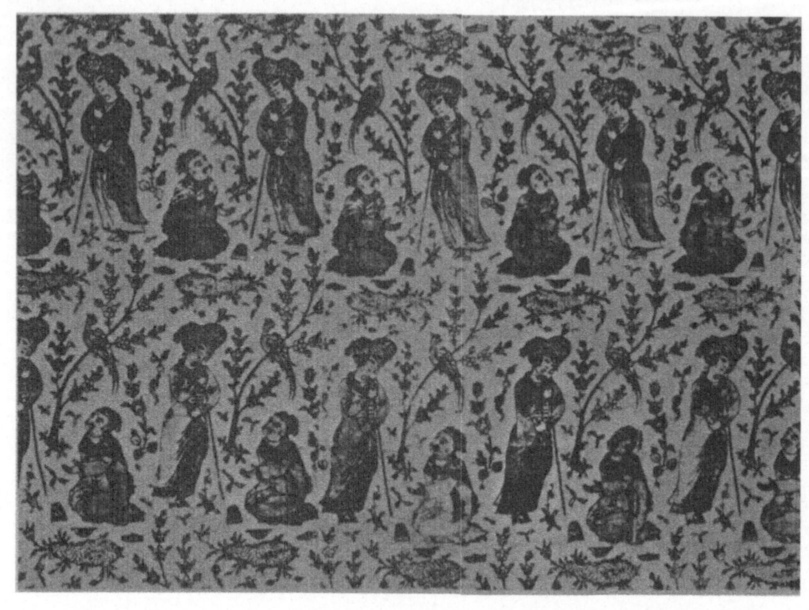

Kongruenz
Persischer Samtbrokat

§ 4. Kongruenz

In diesem Paragraphen sollen einige bekannte Sätze der Elementargeometrie aus den Bewegungsaxiomen hergeleitet werden, vor allem die Kongruenzsätze Euklids. Wir setzen daher für den ganzen Paragraphen voraus, daß (E, G) eine Ebene mit Strecken und Bewegungen ist.

Definition 4.1. Zwei n-tupel $(M_1, \ldots, M_n)$ und $(M_1', \ldots, M_n')$ von Teilmengen $M_i, M_i' \subset E$ heißen *kongruent*, wenn es eine Bewegung β gibt, so daß $\beta(M_i) = M_i'$ ist für $i = 1, \ldots, n$. Wir schreiben dann: $(M_1, \ldots, M_n) \equiv (M_1', \ldots, M_n')$.

Für $n = 1$ erhält man den Begriff der Kongruenz von Teilmengen M, M' von E, speziell ist also erklärt, was man unter Kongruenz von Strecken und Winkeln zu verstehen hat. Bestehen die Mengen M_i und M_i' $(i = 1, \ldots, n)$ jeweils nur aus einem Punkt, sind sie also zwei n-Ecke, so erhält man den Begriff der Kongruenz von n-Ecken, speziell ist somit definiert, wann zwei Dreiecke (A, B, C) und (A', B', C') kongruent sind. (Man beachte, daß gemäß unserer Definition des n-Ecks eine Reihenfolge der Ecken jedes Dreiecks festgelegt ist).

Aus der Tatsache, daß die Bewegungen eine Gruppe bilden, ergibt sich unmittelbar, daß die Kongruenz eine Äquivalenzrelation auf der Menge aller n-tupel von Teilmengen von E ist.

Bemerkung 4.2

a) Alle Flaggen sind kongruent.

b) Alle rechten Winkel (Nullwinkel, gestreckte Winkel) sind untereinander kongruent.

c) Zwei Strecken $\overline{AB}$ und $\overline{A'B'}$ sind genau dann kongruent, wenn die Paare (A, B) und (A', B') kongruent sind.

Es ergibt sich a), weil man durch eine Bewegung jede Flagge in jede andere überführen kann (Satz von den drei Spiegelungen), b) für rechte Winkel auf Grund der Eindeutigkeit des Lots und c), weil man durch eine Spiegelung die Endpunkte einer Strecke vertauschen kann.

Satz 4.3. (Eindeutige Abtragbarkeit von Strecken).

Ist s ein von $P \in E$ ausgehender Strahl und $\overline{AB}$ eine Strecke in E, $A \neq B$, dann gibt es genau einen Punkt $Q \in s$ mit $\overline{PQ} \equiv \overline{AB}$.

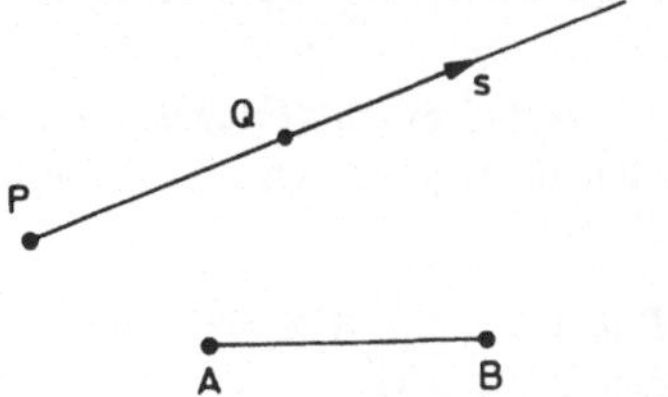

Fig. 41

Beweis. Durch eine Spiegelung σ_1 bringt man zunächst A nach P, und mit einer weiteren Spiegelung σ_2, die P festläßt, bringt man den Bildpunkt σ_1 (B) auf den Strahl s. Q := $\sigma_2 \circ \sigma_1$ (B) ist dann ein Punkt mit $\overline{AB} \equiv \overline{PQ}$.

Ist Q* ein weiterer solcher Punkt, dann gibt es eine Bewegung β mit $\beta(P)$ = P, $\beta(Q)$ = Q* (4.2, c)). Es ist dann auch $\beta(s)$ = s. Sind H und H′ die beiden durch s bestimmten Halbebenen, so ist $\beta(H)$ = H oder $\beta(H)$ = H′. Im ersten Fall ist β = id, im zweiten ist β die Spiegelung an der durch s bestimmten Gerade. In jedem Fall ergibt sich Q = Q*.

Wenn Q wie in 4.3 gegeben ist, dann sagen wir, daß Q durch *Abtragen von* $\overline{AB}$ auf s von P aus entstanden ist. Im Fall A = B verwenden wir diese Sprechweise ebenfalls mit Q = P.

Es ist klar, daß wir Q auch erhalten, wenn wir irgendeine zu $\overline{AB}$ kongruente Strecke auf s von P aus abtragen.

Satz 4.4. (Eindeutige Abtragbarkeit von Winkeln).

Sei α ein Winkel, der weder Nullwinkel noch gestreckter Winkel ist, und sei (P, s, H) eine Flagge in E. Dann gibt es genau einen von P ausgehenden Strahl s′ $\subset$ H, so daß α kongruent ist zu dem Winkel α' mit den Schenkeln s und s′.

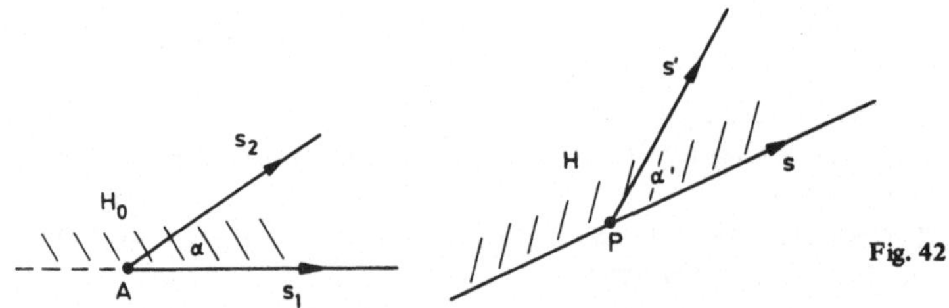

Beweis. α habe den Scheitel A und die Schenkel s_1, s_2 und H_0 sei die durch s_1 bestimmte Halbebene, die s_2 enthält. β sei eine Bewegung, welche die Flagge (A, s_1, H_0) in die Flagge (P, s, H) überführt und s′ := $\beta(s_2)$. Dann ist der Winkel α' mit den Schenkeln s und s′ kongruent zu α.

Sei s″ $\subset$ H ein weiterer von P ausgehender Strahl, so daß der Winkel α'' mit den Schenkeln s und s″ zu α kongruent ist. Dann ist auch $\alpha' \equiv \alpha''$ und es gibt eine Bewegung mit $\beta(s)$ = s, $\beta(s')$ = s″. Notwendigerweise muß dann auch $\beta(H)$ = H sein, d. h. β = id und s″ = s′.

In der Situation von 4.4 sagen wir, daß der Winkel α' durch *Abtragen von* α in der Flagge (P, s, H) entstanden ist. Wir verwenden diese Sprechweise in naheliegender Weise auch für Nullwinkel und gestreckte Winkel.

Satz 4.5. $\overline{AC}$ und $\overline{A'C'}$ seien Strecken in E und B $\in \overline{AC}$, B′ $\in \overline{A'C'}$ Punkte, so daß $\overline{AB} \equiv \overline{A'B'}$, $\overline{BC} \equiv \overline{B'C'}$ ist. Dann ist auch $\overline{AC} \equiv \overline{A'C'}$.

Beweis. Wir können ohne Beschränkung der Allgemeinheit annehmen, daß $B \neq A$, $B \neq C$ ist. β sei eine Bewegung mit $\beta(A) = A'$, $\beta(B) = B'$. Sei $g := g(A', B')$ und s der durch g und B' bestimmte Strahl mit $C' \in s$. Dann ist auch $\beta(C) \in s$. Ferner ist $\overline{B'\,\beta(C)} \equiv \overline{BC} \equiv \overline{B'C'}$. Es folgt $\beta(C) = C'$ wegen der Eindeutigkeit für das Abtragen von Strecken. Somit ist $\overline{AC} \equiv \overline{A'C'}$.

Satz 4.6. Scheitelwinkel sind kongruent.

Beweis. g_1, g_2 seien zwei Geraden, die sich in P schneiden, s_1, s_1' und s_2, s_2' seien die von P auf g_1 bzw. g_2 bestimmten Strahlen.

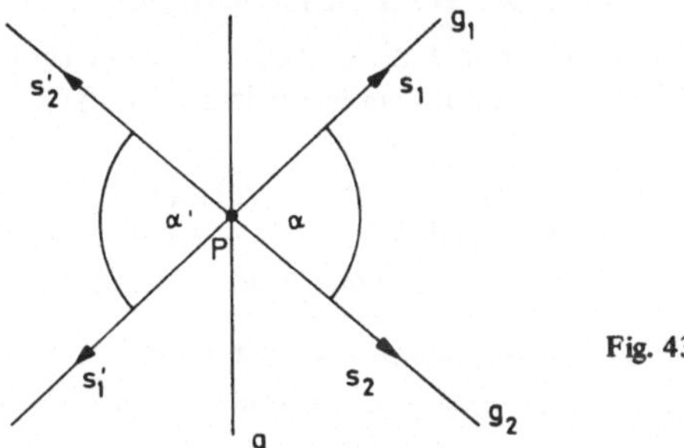

Fig. 43

Wir haben zu zeigen, daß der Winkel α mit den Schenkeln s_1, s_2 kongruent ist zum Winkel α' mit den Schenkeln s_1', s_2'. Sei γ der Winkel mit den Schenkeln s_1 und s_2' und g die Winkelhalbierende von γ. Dann ist $\sigma_g(s_1) = s_2'$, folglich $\sigma_g(g_1) = g_2$ und daher $\sigma_g(s_2) = s_1'$. σ_g bildet α auf α' ab.

Es seien jetzt drei Geraden g_1, g_2 und h mit Schnittpunkten A, B und Winkeln $\alpha, \alpha', \beta, \beta'$ gemäß der folgenden Figur gegeben[1]):

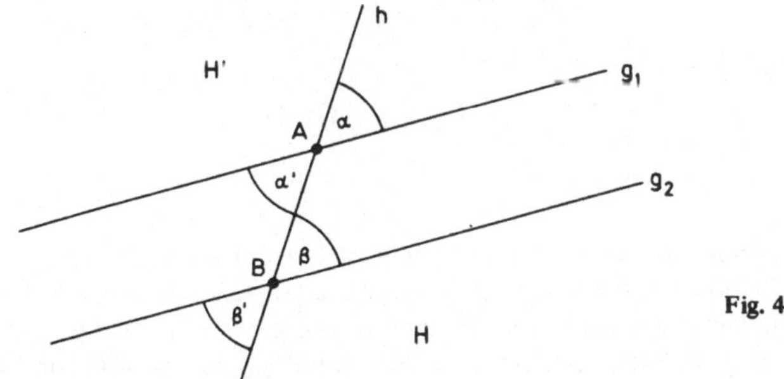

Fig. 44

---

1) Wir werden von jetzt ab häufiger geometrische Konfigurationen durch Skizzen angeben, um langatmige Beschreibungen in Worten zu vermeiden. Die Skizzen symbolisieren natürlich nur gewisse Objekte in einer „abstrakt" gegebenen Ebene E.

Satz 4.7. Sind α und β kongruent, dann sind g_1 und g_2 parallel.

Beweis. Wir dürfen $A \neq B$ annehmen auf Grund von 4.4. H und H′ seien die beiden durch h bestimmten Halbebenen. Angenommen, g_1 und g_2 haben einen Schnittpunkt S, welcher in H liegt. M sei der Mittelpunkt der Strecke $\overline{AB}$. Es gibt dann eine Drehung δ um M mit $\delta(A) = B$, nämlich das Produkt der Spiegelungen an h und der Mittelsenkrechten von $\overline{AB}$. Dabei ist $\delta(H) = H'$. Da $\alpha \equiv \alpha'$, $\beta \equiv \beta'$ nach 4.6, sind die Winkel $\alpha, \alpha', \beta, \beta'$ alle zueinander kongruent. Es ergibt sich $\delta(\alpha) = \beta'$ und $\delta(\beta) = \alpha'$ auf Grund der Eindeutigkeit für das Abtragen von Winkeln. Es folgt, daß g_1, g_2 auch einen Schnittpunkt in H′ haben müssen, also $g_1 = g_2$ und $A = B$ sein muß. Dies ist aber ein Widerspruch. Der Satz ist damit bewiesen.

Die Umkehrung dieses Satzes läßt sich hier noch nicht beweisen: In der Tat ist die Umkehrung der Aussage von 4.7 äquivalent mit dem Parallelenaxiom P) (§ 1, Aufgabe 2).

Wir wenden uns jetzt den Kongruenzsätzen bei Dreiecken zu. Ist (A, B, C) ein Dreieck, so bezeichnet $\sphericalangle BAC$ den Winkel mit dem Scheitel A, dessen Schenkel die beiden von A ausgehenden Strahlen sind, auf denen B und C liegen.

Satz 4.8. Für ein Dreieck (A, B, C) sind folgende Aussagen äquivalent:

a) $\overline{AC} \equiv \overline{BC}$.

b) $\sphericalangle BAC \equiv \sphericalangle ABC$.

Ist eine der Bedingungen erfüllt, dann liegt C auf der Mittelsenkrechten von $\overline{AB}$ und diese ist zugleich Winkelhalbierende von $\sphericalangle ACB$.

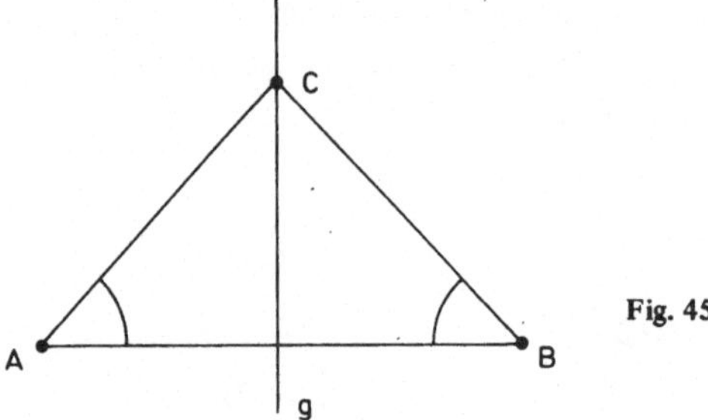

Fig. 45

Beweis. Sei a) erfüllt und sei g die Winkelhalbierende von $\sphericalangle ACB$. Dann ist $\sigma_g(A) = B$ auf Grund der Eindeutigkeit für das Abtragen von Strecken auf Strahlen. Es ist also g die Mittelsenkrechte von $\overline{AB}$ und σ_g bildet $\sphericalangle BAC$ auf $\sphericalangle ABC$ ab. Sei b) erfüllt und sei g die Mittelsenkrechte von $\overline{AB}$. Durch σ_g wird $\sphericalangle BAC$ auf $\sphericalangle ABC$ abgebildet auf Grund der Eindeutigkeit für das Abtragen von Winkeln in Flaggen. Notwendigerweise ist dann $C \in g$, $\overline{AC} \equiv \overline{BC}$ und g ist auch die Winkelhalbierende von $\sphericalangle ACB$.

Ein Dreieck mit Eigenschaften wie in 4.8 heißt natürlich *gleichschenklig*.

Für das Folgende seien zwei Dreiecke (A, B, C) und (A', B', C') in E gegeben. Ferner sei $g := g(A, B)$, $g' := g(A', B')$. H sei diejenige der beiden durch g bestimmten Halbebenen mit $C \in H$, wenn $C \notin g$. Ist $C \in g$, dann darf H eine beliebige der durch g bestimmten Halbebenen sein. Entsprechend sei H' für (A', B', C') definiert.

Satz 4.9. Ist $\overline{AB} \equiv \overline{A'B'}$, $\overline{AC} \equiv \overline{A'C'}$ und $\sphericalangle BAC \equiv \sphericalangle B'A'C'$, dann ist $(A, B, C) \equiv$ $\equiv (A', B', C')$.

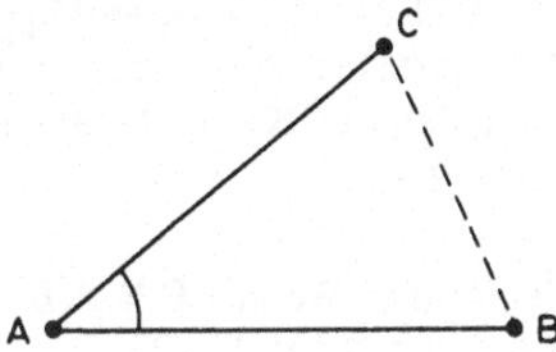

Fig. 46

Beweis. Es gibt eine Bewegung β mit $\beta(A) = A'$, $\beta(B) = B'$ und $\beta(H) = H'$. Wegen der Eindeutigkeit für das Abtragen von Winkeln ist $\beta(\sphericalangle BAC) = \sphericalangle B'A'C'$. Wegen der Eindeutigkeit für das Abtragen von Strecken ist ferner $\beta(C) = C'$, also $(A, B, C) \equiv (A', B', C')$.

Satz 4.10. Sei $C \notin g$. Ist $\overline{AB} \equiv \overline{A'B'}$, $\sphericalangle BAC \equiv \sphericalangle B'A'C'$ und $\sphericalangle ABC \equiv \sphericalangle A'B'C'$, dann ist $(A, B, C) \equiv (A', B', C')$.

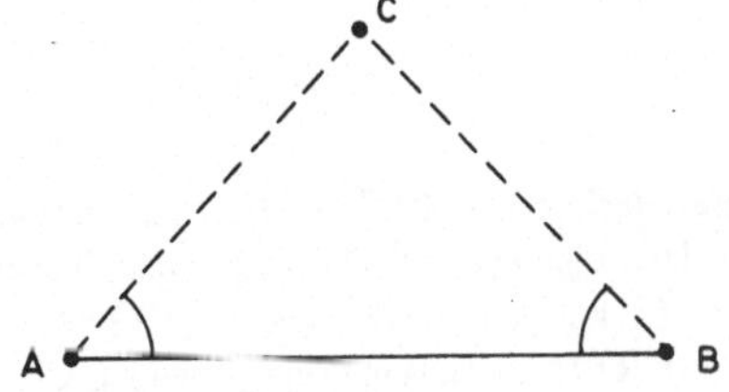

Fig. 47

Beweis. Es gibt eine Bewegung β mit $\beta(A) = A'$, $\beta(B) = B'$ und $\beta(H) = H'$. Wegen der Eindeutigkeit des Abtragens von Winkeln ist dann $\beta(\sphericalangle BAC) = \sphericalangle B'A'C'$ und $\beta(\sphericalangle ABC) = \sphericalangle A'B'C'$. Notwendigerweise ist dann $\beta(g(A, C)) = g(A', C')$, $\beta(g(B, C)) = g(B', C')$.

Da $C \notin g$ ist $\{C\} = g(A, C) \cap g(B, C)$. Analog ist $\{C'\} = g(A', C') \cap g(B', C')$, weil $C' \notin g'$. Es folgt $\beta(C) = C'$ und damit $(A, B, C) \equiv (A', B', C')$.

Satz 4.11. Ist $\overline{AB} \equiv \overline{A'B'}$, $\overline{AC} \equiv \overline{A'C'}$ und $\overline{BC} \equiv \overline{B'C'}$, dann ist $(A, B, C) \equiv$ $\equiv (A', B', C')$.

Beweis. Sei β eine Bewegung mit $\beta(A) = A'$, $\beta(B) = B'$ und $\beta(H) = H'$. Wir setzen $C'' := \beta(C)$. Es ist zu zeigen, daß $C'' = C'$ ist.

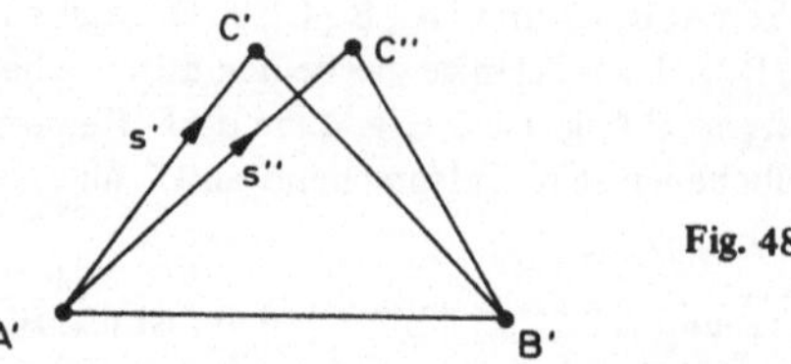

Fig. 48

Wäre $C'' \neq C'$, dann wären (A', C', C'') und (B', C', C'') zwei gleichschenklige Dreiecke. Nach 4.8 lägen A' und B' auf der Mittelsenkrechten der Strecke $\overline{C'C''}$. Es wäre dann $\sigma_{g'}(C') = C''$. Das ist ein Widerspruch, denn C' läge in der einen der durch g' gegebenen Halbebenen und C'' in der andern.

Satz 4.12. Es sei $\sphericalangle ABC$ ein rechter oder stumpfer Winkel. Wenn $\overline{AB} \equiv \overline{A'B'}$, $\overline{AC} \equiv \overline{A'C'}$ und $\sphericalangle ABC \equiv \sphericalangle A'B'C'$ ist, dann ist $(A, B, C) \equiv (A', B', C')$.

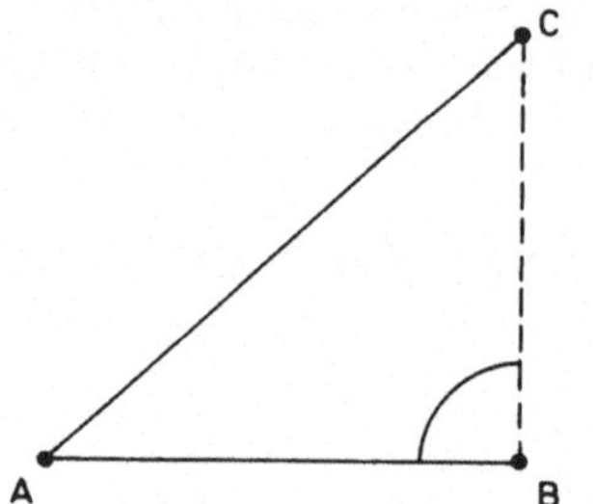

Fig. 49

Beweis. β sei wie in den obigen Beweisen definiert und $C'' := \beta(C)$. s sei der von B' ausgehende Strahl, auf dem C' liegt. Dann ist auch $C'' \in s$ wegen der Eindeutigkeit für das Abtragen von Winkeln. Wäre $C'' \neq C'$, dann wäre (A', C', C'') ein gleichschenkliges Dreieck und A' läge auf der Mittelsenkrechten g^* von $\overline{C'C''}$.

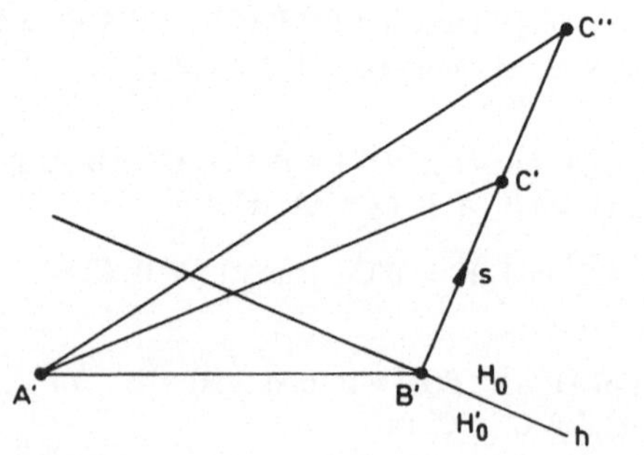

Fig. 50

Wir errichten das Lot h auf g(B', C') in B'. H_0 sei diejenige der durch h bestimmten Halbebenen, die s enthält, H_0' die andere. Dann ist $\overline{C'C''} \subset H_0$, aber $A' \in h$ (wenn $\sphericalangle ABC$ ein rechter Winkel ist) und $A' \in H_0'$ (wenn $\sphericalangle ABC$ ein stumpfer Winkel ist). In jedem Fall ist $h \cap g^* \neq \phi$ und es ergibt sich ein Widerspruch zur Eindeutigkeit des Lots. Somit muß $C'' = C'$ sein und der Satz ist bewiesen.

Der folgende Kongruenzsatz wird in der Elementargeometrie gewöhnlich nicht formuliert, da er wegen des Satzes über die Winkelsumme im Dreieck sofort auf 4.10 zurückgeführt werden kann. Da der Satz von der Winkelsumme nicht aus unseren bisherigen Axiomen gefolgert werden kann (vgl. 5.21), bedarf hier Satz 4.13 eines eigenen Beweises:

Satz 4.13. Es sei $C \notin g$. Ist $\overline{AB} \equiv \overline{A'B'}$, $\sphericalangle BAC \equiv \sphericalangle B'A'C'$ und $\sphericalangle ACB \equiv \sphericalangle A'C'B'$, dann ist $(A, B, C) \equiv (A', B', C')$.

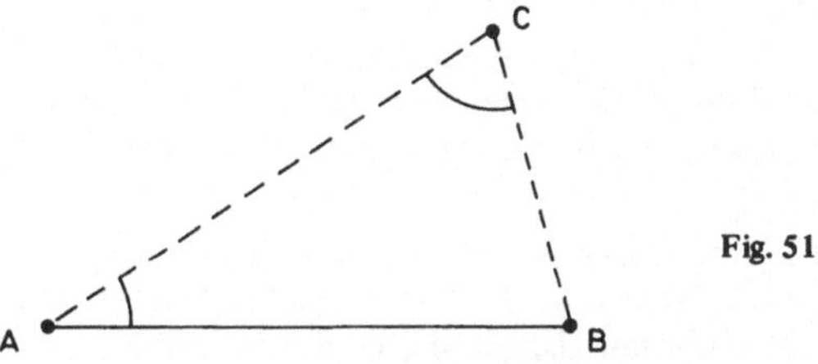

Fig. 51

Beweis. β sei wie in den früheren Beweisen definiert und $C'' := \beta(C)$. Ist s der von A' ausgehende Strahl, auf dem C' liegt, dann ist auch $C'' \in s$ auf Grund von 4.4. Nach 4.7 sind $g(C', B')$ und $g(C'', B')$ parallel, folglich gleich. Es ergibt sich $C'' = C'$.

Mit Hilfe des Begriffs der Kongruenz können wir auch definieren, was ein Kreis in E ist:

Definition 4.14. Sei $M \in E$ und $\overline{AB}$ eine Strecke in E. Der *Kreis* mit dem Mittelpunkt M und dem Radius $\overline{AB}$ ist die Menge aller $P \in E$ mit $\overline{MP} \equiv \overline{AB}$.

Viele Begriffe der elementaren Kreislehre lassen sich unmittelbar einführen: Durchmesser, Sehne, Sekante, Zentriwinkel und Peripheriewinkel über einer Sehne etc. Manche Sätze der Kreislehre können aus den bisherigen Axiomen und Sätzen hergeleitet werden, z. B. daß ein Kreis und eine Gerade sich in höchstens zwei Punkten schneiden, daß ein Kreis durch drei seiner Punkte eindeutig bestimmt ist. Es gibt aber auch Tatsachen aus der euklidischen Kreislehre, die hier noch nicht bewiesen werden können, z. B. den Satz von Thales über Winkel im Halbkreis. Dieser Satz ist in der nichteuklidischen (hyperbolischen) Geometrie nicht richtig (vgl. § 10, Übungsaufgabe 5)). Da unsere bisherigen Axiome auch der hyperbolischen Geometrie zu Grunde liegen, kann er sich nicht aus diesen Axiomen herleiten lassen.

Vorschläge für weitere Studien

Man kann die Bewegungsaxiome C1)–C4) ersetzen durch ein System von *Kongruenzaxiomen* (Hilbert [11]). Die Aussagen der Kongruenzaxiome können aus den Bewegungsaxiomen als Sätze hergeleitet werden und umgekehrt die Bewegungsaxiome aus den Kongruenzaxiomen. Beide Systeme führen daher zur gleichen Geometrie.

Übungsaufgaben

Es ist eine Ebene (E, G) mit Strecken und Bewegungen gegeben. Die angegebenen Aussagen sollen bewiesen werden.

1. Zwei n-Ecke $(P_1, \ldots, P_n)$ und $(Q_1, \ldots, Q_n)$ sind genau dann kongruent, wenn $\overline{P_i P_j} \equiv \overline{Q_i Q_j}$ für alle $i, j = 1, \ldots, n$.

2. Sind P, A, B Punkte in E mit $\overline{PA} \equiv \overline{PB}$, so gibt es eine Drehung δ um P mit $\delta(A) = B$. Ist $A \neq P$, so ist diese Drehung eindeutig.

3. Sei δ eine Drehung um P. Für jedes $Q \neq P$ aus E sei α_Q der Winkel mit dem Scheitel P, dessen einer Schenkel Q und dessen anderer Schenkel $\delta(Q)$ enthält. Für alle $Q \in E$, $Q \neq P$ sind die Winkel α_Q kongruent. (Jede Drehung besitzt einen „Drehwinkel").

4. Seien g, g' Geraden in E mit $g \perp g'$, $g \cap g' =: \{P\}$. Dann kann $\delta := \sigma_g \circ \sigma_{g'}$ folgendermaßen beschrieben werden: Ist $Q \in E$, $Q \neq P$ ein beliebiger Punkt in E und s die durch P und $g(P, Q)$ bestimmte Halbgerade, auf der Q *nicht* liegt, so erhält man $\delta(Q)$ durch Abtragen der Strecke $\overline{PQ}$ auf s von P aus („Punktspiegelung").

5. Jede Bewegung σ mit $\sigma^2 = $ id ist entweder Spiegelung an einer Geraden oder Punktspiegelung oder die Identität.

6. Sei β eine Bewegung und g eine Gerade. Für jeden Punkt $A \in g$ sei M_A der Mittelpunkt der Strecke $\overline{A\beta(A)}$. Dann sind nur zwei Fälle möglich:

   a) Die Punkte M_A fallen für alle $A \in g$ zusammen. In diesem Fall ist β eine Punktspiegelung.

   b) Die Punkte M_A für $A \in g$ sind die Punkte einer Geraden g'. (Hjelmslevsche Mittellinie).

7. In (E, G) gelte das Parallelenaxiom. Jede Translation (§ 3, Aufgabe 4)) ist Produkt von zwei Punktspiegelungen und jedes Produkt von 2 Punktspiegelungen ist eine Translation.

8. In (E, G) gelte das Parallelenaxiom. Ist $g \in G$, so heißt eine Bewegung $\beta = \sigma_g \circ \tau$, wobei τ eine Translation mit $\tau(g) = g$ ist, eine *Schubspiegelung*.

   Zeige:

   a) Es gilt auch $\beta = \tau \circ \sigma_g$.

   b) β läßt sich auch als Produkt einer Punktspiegelung und einer Spiegelung schreiben und jedes solche Produkt ist eine Schubspiegelung.

9. In (E, G) gelte das Parallelenaxiom. Zeige, daß jede Bewegung zu einer der folgenden Klassen von Abbildungen gehört:

a) den Spiegelungen,

b) den Drehungen,

c) den Translationen,

d) den Schubspiegelungen.

10. Man definiere die in den folgenden Aussagen vorkommenden elementargeometrischen Begriffe (soweit sie nicht schon im Text definiert worden sind) und beweise die Aussagen:

a) Ein Winkel ist genau dann ein rechter, wenn er zu einem seiner Nebenwinkel kongruent ist.

b) In einem Dreieck (A, B, C), für das A, B, C nicht auf einer Geraden liegen, schneiden sich die Winkelhalbierenden in einem Punkt. Dieser ist der Mittelpunkt des Inkreises.

c) Wenn sich in einem Dreieck (A, B, C) zwei Mittelsenkrechte schneiden, dann geht auch die dritte durch den Schnittpunkt. Dieser ist Mittelpunkt des Umkreises. (Vgl. hierzu auch § 9, Aufgabe 8 und § 10, Aufgabe 3).

d) In einer Raute stehen die Diagonalen aufeinander senkrecht.

§ 5. Strecken- und Winkelmessung

In einer Ebene (E, G) mit Strecken und Bewegungen wollen wir jetzt versuchen, jeder Strecke $\overline{AB}$ eine „Länge" $l(\overline{AB})$ zuzuordnen. Dabei soll $l(\overline{AB})$ eine nicht-negative reelle Zahl sein und es sollen, dem intuitiven Begriff der Länge einer Strecke entsprechend, die beiden folgenden Bedingungen erfüllt sein:

L1) Für zwei Strecken $\overline{AB}$ und $\overline{CD}$ gilt $\overline{AB} \equiv \overline{CD}$ genau dann, wenn $l(\overline{AB}) = l(\overline{CD})$ ist.

L2) Ist C ein Punkt der Strecke $\overline{AB}$, so ist

$$l(\overline{AB}) = l(\overline{AC}) + l(\overline{CB}).$$

Es ergibt sich, daß jeder Strecke der Form $\overline{AA}$ die Länge 0 zugeordnet werden muß, denn nach L2) ist $l(\overline{AA}) = l(\overline{AA}) + l(\overline{AA})$, also $l(\overline{AA}) = 0$. Aus L1) folgt dann, daß $l(\overline{AB}) > 0$ sein muß für alle A $\neq$ B. Ist l gefunden und setzt man $l'(AB) = r \cdot l(AB)$ für alle Strecken $\overline{AB}$ mit einer festen reellen Zahl r > 0, dann hat auch die Funktion l' die Eigenschaften L1) und L2).

Wir werden sehen, daß man in (E, G) die Länge von Strecken im Einklang mit den Förderungen L1) und L2) definieren kann, sofern noch ein weiteres Axiom, das *Archimedische Axiom*, erfüllt ist. Bevor wir mit der Konstruktion der Längenfunktion beginnen, beschäftigen wir uns zunächst mit dem *Größenvergleich* und der *Addition von Strecken*, wofür das Archimedische Axiom noch nicht erforderlich ist.

Wir bezeichnen mit S die Menge der Kongruenzklassen von Strecken in E (mit andern Worten: die Menge der Äquivalenzklassen bezüglich der Kongruenzrelation $\equiv$). Die Elemente von S werden manchmal auch „freie Strecken" genannt. Für eine Strecke $\overline{AB}$ bezeichne $\{\overline{AB}\} \in S$ die zu $\overline{AB}$ gehörige Kongruenzklasse.

Sind $\overline{AB}$, $\overline{CD}$ zwei Strecken und ist s ein von einem Punkt P $\in E$ ausgehender Strahl, so tragen wir $\overline{AB}$ und $\overline{CD}$ von P aus auf s ab und erhalten Punkte Q bzw. $\tilde{Q}$.

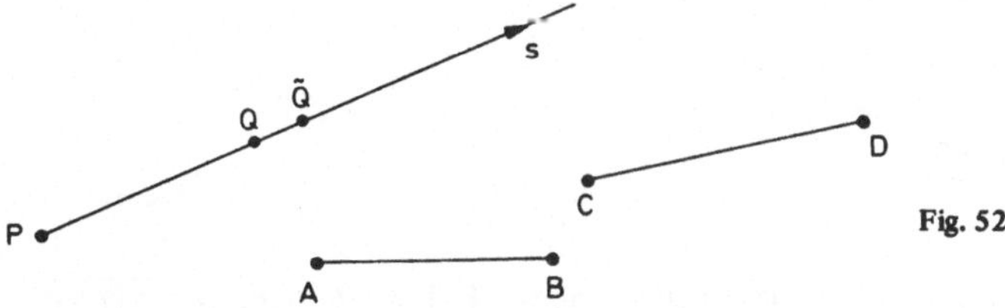

Nach 2.5 ist dann genau eine der drei folgenden Bedingungen erfüllt:

a) $\tilde{Q} = Q$,

b) $\tilde{Q} \in \overline{PQ}, \tilde{Q} \neq Q$,

c) $Q \in \overline{P\tilde{Q}}, Q \neq \tilde{Q}$.

Lemma 5.1. $\overline{A'B'}$ und $\overline{C'D'}$ seien zwei weitere Strecken und s' ein von $P' \in E$ ausgehender Strahl. Durch Abtragen von $\overline{A'B'}$ und $\overline{C'D'}$ auf s' von P' aus erhalten wir Punkte Q' bzw. $\widetilde{Q}'$. Ist $\overline{AB} \equiv \overline{A'B'}$, $\overline{CD} \equiv \overline{C'D'}$, so gilt eine der drei obigen Bedingungen a)–c) genau dann, wenn die entsprechende Bedingung für P', Q', $\widetilde{Q}'$ erfüllt ist.

Dies folgt sofort, wenn man eine Bewegung β mit $\beta(P) = P'$, $\beta(s) = s'$ anwendet und den Satz über das eindeutige Abtragen von Strecken benutzt.

Wir sagen, $\{\overline{AB}\}$ sei *größer* als $\{\overline{CD}\}$ und schreiben $\{\overline{AB}\} > \{\overline{CD}\}$, genau dann, wenn $\widetilde{Q} \in \overrightarrow{PQ}$, $\widetilde{Q} \neq Q$. Nach 5.1 hängt dies nicht ab von der Wahl der Repräsentanten für die Klassen $\{\overline{AB}\}$ und $\{\overline{CD}\}$ und der Wahl des Strahls s, der zur Konstruktion von Q und $\widetilde{Q}$ verwendet wurde. Ferner gilt offensichtlich

Bemerkung 5.2

a) Für $\{\overline{AB}\}$, $\{\overline{CD}\} \in S$ ist genau eine der folgenden drei Bedingungen erfüllt:

α) $\{\overline{AB}\} = \{\overline{CD}\}$,

β) $\{\overline{AB}\} > \{\overline{CD}\}$,

γ) $\{\overline{CD}\} > \{\overline{AB}\}$.

b) Für $\{\overline{AB}\}$, $\{\overline{CD}\}$, $\{\overline{EF}\} \in S$ folgt aus $\{\overline{AB}\} > \{\overline{CD}\}$ und $\{\overline{CD}\} > \{\overline{EF}\}$, daß auch $\{\overline{AB}\} > \{\overline{EF}\}$.

Mit anderen Worten: Durch die Relation $>$ ist S zu einer (vollständig) geordneten Menge geworden.

Um nun die Addition freier Strecken zu definieren, betrachten wir wieder zwei Strecken $\overline{AB}$, $\overline{CD}$ und einen von $P \in E$ ausgehenden Strahl s. Durch Abtragen von $\overline{AB}$ auf s von P aus erhalten wir Q. s* sei der von Q ausgehende Strahl, der in s enthalten ist. Wir tragen jetzt $\overline{CD}$ auf s* von Q aus ab und erhalten R.

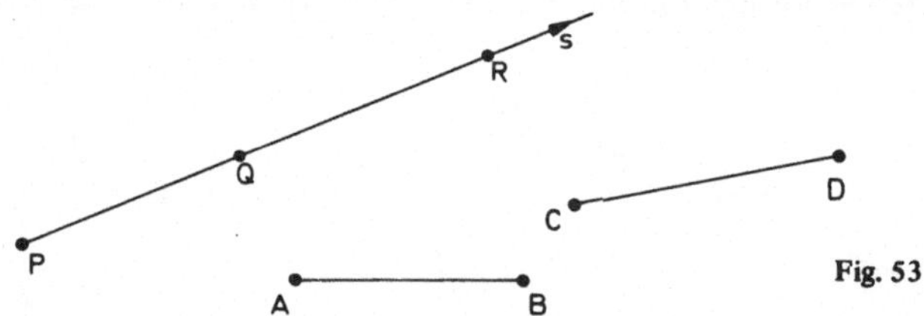

Fig. 53

Hierfür sagen wir in Zukunft auch, daß wir R durch Abtragen von $\overline{CD}$ auf s von Q aus erhalten haben.

Lemma 5.3. $\overline{A'B'}$ und $\overline{C'D'}$ seien zwei weitere Strecken und s' ein von $P' \in E$ ausgehender Strahl. Q' entstehe durch Abtragen von $\overline{A'B'}$ auf s' von P' aus und R' durch Abtragen von $\overline{C'D'}$ auf s' von Q' aus. Wenn $\overline{AB} \equiv \overline{A'B'}$ und $\overline{CD} \equiv \overline{C'D'}$ ist, dann ist auch $\overline{PR} \equiv \overline{P'R'}$.

Auch dies folgt unmittelbar, wenn man s durch eine Bewegung mit s' zur Deckung bringt.

Für $\{\overline{AB}\}$, $\{\overline{CD}\} \in S$ definieren wir die *Summe* (freier Strecken) durch

$$\{\overline{AB}\} + \{\overline{CD}\} := \{\overline{PR}\},$$

wobei P und R wie oben bestimmt sind. Das Ergebnis hängt nach 5.3 nicht ab von der Wahl der zur Konstruktion benutzten Bestimmungsstücke.

Die Grundtatsachen über den Größenvergleich und die Addition von Strecken kann man zu der Aussage zusammenfassen, daß die Menge S bezüglich + und > eine geordnete abelsche Halbgruppe mit Null ist. Dies soll jetzt erläutert werden:

Eine Menge H, auf der eine Verknüpfung $+ : H \times H \to H$ definiert ist, heißt *Halbgruppe*, wenn das Assoziativgesetz erfüllt ist: $(a + b) + c = a + (b + c)$ für alle $a, b, c \in H$. Sie heißt *abelsch*, wenn auch noch das Kommutativgesetz gilt: $a + b = b + a$ für alle $a, b \in H$. Sie besitzt eine *Null*, wenn es ein Element $0 \in H$ gibt mit $a + 0 = a$ für alle $a \in H$. Die Halbgruppe heißt schließlich *geordnet*, wenn eine Relation > auf H definiert ist, so daß gilt:

a) α) Für $a, b \in H$ ist genau eine der Beziehungen

$$a = b, \, a > b, \, b > a$$

erfüllt.

β) Für $a, b, c \in H$ folgt aus $a > b$, $b > c$, daß auch $a > c$.

b) Für $a, b, c, d \in H$ folgt aus $a > b$ und $c \geq d$, daß auch $a + c > b + d$.

(Man vergleiche mit der Definition eines geordneten Körpers in Übungsaufgabe 7) von § 2).

Satz 5.4. S ist bezüglich der Addition von Strecken eine abelsche Halbgruppe mit Null.

Beweis. Es ist klar, daß die Klasse $\{\overline{AA}\}$ der trivialen Strecke $\overline{AA}$ die Rolle der Null spielt. Um die Gültigkeit des Kommutativgesetzes zu zeigen, tragen wir wie oben zwei Strecken $\overline{AB}$ und $\overline{CD}$ nacheinander auf einem von $P \in E$ ausgehenden Strahl s ab und erhalten den Punkt R. Durch Spiegelung an der Mittelsenkrechten der Strecke $\overline{PR}$ ergibt sich, daß wir R auch erhalten, wenn wir zuerst $\overline{CD}$ und dann $\overline{AB}$ auf s abtragen. Es folgt also $\{\overline{AB}\} + \{\overline{CD}\} = \{\overline{CD}\} + \{\overline{AB}\}$.

Es seien jetzt drei Strecken $\overline{AB}$, $\overline{CD}$ und $\overline{EF}$ gegeben, die wir nacheinander auf s abtragen. S sei der erhaltene Endpunkt. Wir können auch $\overline{CD}$ und $\overline{EF}$ nacheinander auf einem anderen Strahl s' abtragen. Dieser Strahl möge von P' ausgehen, der erhaltene Endpunkt sei Q'. Tragen wir nun erst $\overline{AB}$ auf s von P aus ab und danach $\overline{P'Q'}$, dann ist klar, daß wir wieder bei S ankommen. Es folgt also

$$(\{\overline{AB}\} + \{\overline{CD}\}) + \{\overline{EF}\} = \{\overline{AB}\} + (\{\overline{CD}\} + \{\overline{EF}\}).$$

Satz 5.5. Für $\{\overline{AB}\}, \{\overline{CD}\} \in S$ gilt $\{\overline{AB}\} \geq \{\overline{CD}\}$ genau dann, wenn es ein $\{\overline{EF}\}$ $\in S$ gibt, so daß

$$\{\overline{AB}\} = \{\overline{CD}\} + \{\overline{EF}\}.$$

Beweis. Wir tragen $\overline{AB}$ und $\overline{CD}$ wie in Fig. 52 auf s von P aus ab und erhalten Q und $\tilde{Q}$. Ist $\{\overline{AB}\} \geq \{\overline{CD}\}$, so wählen wir $E := \tilde{Q}$, $F := Q$ und erhalten $\{\overline{AB}\} =$ $= \{\overline{CD}\} + \{\overline{EF}\}$. Ist umgekehrt eine solche Relation erfüllt, so tragen wir $\overline{EF}$ von $\tilde{Q}$ aus auf s ab. Nach Definition der Addition erhalten wir notwendigerweise Q. Somit ist $\tilde{Q} \in \overline{PQ}$ und daher $\{\overline{AB}\} \geq \{\overline{CD}\}$.

Korollar 5.6. Aus $\{\overline{AB}\} > \{\overline{A'B'}\}$ und $\{\overline{CD}\} \geq \{\overline{C'D'}\}$ folgt

$$\{\overline{AB}\} + \{\overline{CD}\} > \{\overline{A'B'}\} + \{\overline{C'D'}\}.$$

Beweis. Es ist $\{\overline{AB}\} = \{\overline{A'B'}\} + \{\overline{EF}\}$, dabei ist $E \neq F$. Ferner ist $\{\overline{CD}\} = \{\overline{C'D'}\} +$ $+ \{\overline{GH}\}$. Es folgt

$$\{\overline{AB}\} + \{\overline{CD}\} = \{\overline{A'B'}\} + \{\overline{C'D'}\} + \{\overline{EF}\} + \{\overline{GH}\}.$$

Dabei ist $\{\overline{EF}\} + \{\overline{GH}\}$ nicht die Klasse der trivialen Strecke, weil $E \neq F$ ist. Es folgt $\{\overline{AB}\} + \{\overline{CD}\} > \{\overline{A'B'}\} + \{\overline{C'D'}\}$.

Insgesamt ist jetzt gezeigt, daß S in der Tat eine geordnete abelsche Halbgruppe mit Null ist. Ein weiteres Beispiel für eine solche Halbgruppe ist die Menge $\mathbb{R}_+$ der nichtnegativen reellen Zahlen bzgl. der Addition und des Größenvergleichs von reellen Zahlen. Ein *Halbgruppenhomomorphismus* $l : S \to \mathbb{R}_+$ ist eine Abbildung mit $l(\{\overline{AB}\} + \{\overline{CD}\}) = l(\{\overline{AB}\}) + l(\{\overline{CD}\})$ für alle $\{\overline{AB}\}, \{\overline{CD}\} \in S$.

Das eingangs formulierte Problem, jeder Strecke eine Länge zuzuordnen, so daß die Bedingungen $L1)$ und $L2)$ erfüllt sind, ist offensichtlich äquivalent damit, einen injektiven Halbgruppenhomomorphismus $l : S \to \mathbb{R}_+$ anzugeben. Dies ist natürlich nur eine algebraische Umformulierung des Problems, durch die noch nichts zur Lösung beigetragen wird.

Wir beginnen jetzt mit der Konstruktion einer solchen Abbildung l, indem wir zunächst einen *Maßstab* (im ursprünglichen Sinn des Worts) konstruieren:

Wir wählen zwei Punkte $E_0, E_1 \in E$, $E_0 \neq E_1$. $E_{\frac{1}{2}}$ sei der Mittelpunkt der Strecke $\overline{E_0 E_1}$. Ist für $n \in \mathbb{N}$, $n \geq 1$ der Punkt $E_{\frac{1}{2^n}}$ schon definiert, so definieren wir $E_{\frac{1}{2^{n+1}}}$ als den Mittelpunkt der Strecke $\overline{E_0 E_{\frac{1}{2^n}}}$.

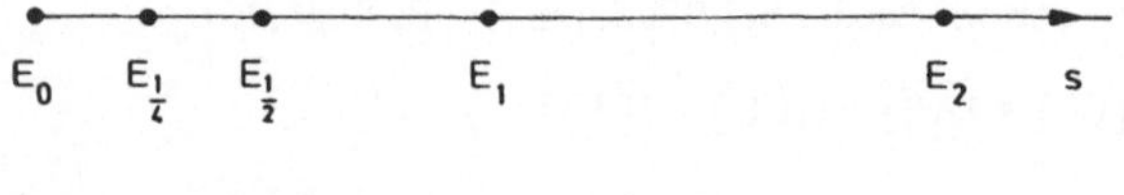

$E_0 \quad E_{\frac{1}{4}} \quad E_{\frac{1}{2}} \quad\quad E_1 \quad\quad\quad\quad E_2 \quad s$

Fig. 54

Für alle $n \in \mathbb{N}$ sind somit die Punkte $E_{\frac{1}{2^n}} \in \overline{E_0 E_1}$ definiert.

Für $t \in \mathbb{N}$, $t > 0$ betrachten wir auch die Menge M_t aller reellen Zahlen der Form

$$(*) \quad m = n + \sum_{\nu = 1}^{t} \epsilon_\nu \cdot \frac{1}{2^\nu} \quad (n \in \mathbb{N}, \epsilon_\nu \in \{0, 1\}).$$

s sei der von E_0 ausgehende Strahl, auf dem E_1 liegt. Für jedes $m \in M_t$ sei $E_m \in s$ der Punkt mit der Eigenschaft

$$\{\overline{E_0 E_m}\} = n \cdot \{\overline{E_0 E_1}\} + \sum_{\nu = 1}^{t} \epsilon_\nu \cdot \left\{\overline{E_0 E_{\frac{1}{2^\nu}}}\right\},$$

wenn m durch (*) gegeben ist. Man erhält ihn, indem man zunächst $\overline{E_0 E_1}$ auf s n-mal hintereinander abträgt und danach die Strecken $\overline{E_0 E_{\frac{1}{2^\nu}}}$ $(\nu = 1, \dots, t)$ mit $\epsilon_\nu = 1$. Für $m = 0$ oder $m = \frac{1}{2^\nu}$ $(\nu = 1, \dots, t)$ ist E_m der bereits vorher so bezeichnete Punkt.

Wir nennen die Menge der Punkte E_m mit $m \in M_t$ die *Skala der Ordnung t*. Für wachsendes t wird die Skala immer „feiner".

Fig. 55

Sei jetzt $E \in s$ ein beliebiger Punkt. Es kann vorkommen, daß es kein $n \in \mathbb{N}$ gibt, so daß $E \in \overline{E_0 E_n}$. In diesem Fall können wir die Strecke $\overline{E_0 E}$ nicht mit einem „Vielfachen" der „Einheitsstrecke" $\overline{E_0 E_1}$ vergleichen. Geometrien, in denen dies passiert, erhält man, wenn man z. B. $\mathbb{A}^2(K)$ für einen nichtarchimedisch geordneten Körper K nimmt (vgl. Übungsaufgaben 8) und 9) von § 2) und wenn K überdies noch pythagoreisch ist. Körper K mit diesen Eigenschaften kann man konstruieren, es sind hierzu jedoch einige Vorkenntnisse aus der Algebra erforderlich (vgl. Hilbert [11], § 12).

Um die Konstruktion der Längenfunktion fortsetzen zu können, fordern wir jetzt zusätzlich zu unseren bisherigen Axiomen A)–C):

D1) (Archimedisches Axiom) Es gibt einen Punkt $E_0 \in E$ und einen von E_0 ausgehenden Strahl s, so daß gilt: Sind E_1, E beliebige Punkte auf s, so existiert ein $n \in \mathbb{N}$ und es existieren Punkte $E_2, \dots, E_n \in s$ mit $\overline{E_i E_{i+1}} \equiv \overline{E_0 E_1}$ $(i = 1, \dots, n-1)$, so daß $E \in \overline{E_0 E_n}$.

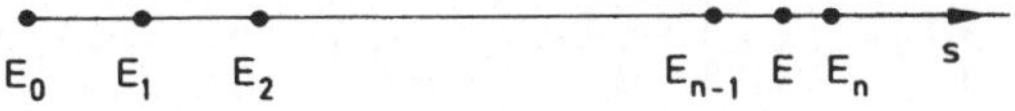

Fig. 56

Diese Bedingung gilt dann auch für einen beliebigen Strahl in E, da man jeden Strahl durch eine Bewegung auf jeden andern abbilden kann.

Sei jetzt s der Strahl, auf dem wir die Skala der Ordnung t festgelegt haben. Zu jedem $E \in s$ gibt es dann genau ein $m_t \in M_t$, so daß

$$\{\overline{E_0 E_{m_t}}\} \leq \{\overline{E_0 E}\} < \left\{\overline{E_0 E_{m_t} + \frac{1}{2^t}}\right\} \ .$$

Dabei ist $m_t \leq m_{t+1} < m_1 + \frac{1}{2}$ für alle $t = 1, 2, \ldots$. Wir setzen $\lambda(E) := \lim_{t \to \infty} m_t$.

Es ist klar, daß $\lambda(E_m) = m$ ist für jedes $m \in M_t$.

Definition 5.7. Das Paar (s, λ), bestehend aus dem Strahl s und der Abbildung $\lambda : s \cup \{E_0\} \to \mathbb{R}_+$ heißt ein *Maßstab* in E.

Mit Hilfe des Maßstabs können wir nun beliebige Strecken in E messen: Ist $\overline{AB}$ gegeben, so tragen wir diese Strecke auf s von E_0 aus ab und erhalten einen Punkt E. Wir setzen dann

$$l(\overline{AB}) := \lambda(E).$$

Es ergibt sich unmittelbar:

Bemerkung 5.8. Ist $\overline{AB} \equiv \overline{CD}$, so ist $l(\overline{AB}) = l(\overline{CD})$.

Ist $C \in \overline{AB}$, so sei $E' \in s$ der Punkt den man durch Abtragen von $\overline{AC}$ auf s von E_0 aus erhält und $E'' \in s$ der entsprechende Punkt für die Strecke $\overline{CB}$. $E_{m'_t}$ und $E_{m''_t}$ seien die Punkte der Skala der Ordnung t mit

$$\{\overline{E_0 E_{m'_t}}\} \leq \{\overline{E_0 E'}\} < \left\{\overline{E_0 E_{m'_t + \frac{1}{2^t}}}\right\} ,$$
$$\{\overline{E_0 E_{m''_t}}\} \leq \{\overline{E_0 E''}\} < \left\{\overline{E_0 E_{m''_t + \frac{1}{2^t}}}\right\} .$$

Dann ist

$$m'_t \leq l(\overline{AC}) < m'_t + \frac{1}{2^t}$$

$$m''_t \leq l(\overline{CB}) < m''_t + \frac{1}{2^t} \quad (t = 1, 2, \ldots)$$

also

$$m'_t + m''_t \leq l(\overline{AC}) + l(\overline{CB}) < m'_t + m''_t + \frac{1}{2^{t-1}} \quad (t = 1, 2, \ldots).$$

Sei $m_t := m'_t + m''_t$. Es ist dann

$$\{\overline{E_0 E_{m_t}}\} = \{\overline{E_0 E_{m'_t}}\} + \{\overline{E_0 E_{m''_t}}\} \leq \{\overline{E_0 E'}\} + \{\overline{E_0 E''}\} = \{\overline{E_0 E}\}$$

$$< \left\{\overline{E_0 E_{m'_t + \frac{1}{2^t}}}\right\} + \left\{\overline{E_0 E_{m''_t + \frac{1}{2^t}}}\right\} = \left\{\overline{E_0 E_{m_t + \frac{1}{2^{t-1}}}}\right\} \quad (t = 1, 2, \ldots) \text{ und}$$

somit $m_t \leq l(\overline{AB}) < m_t + \dfrac{1}{2^{t-1}}$, folglich $l(\overline{AB}) = \lim\limits_{t \to \infty} m_t = \lim\limits_{t \to \infty} m'_t + \lim\limits_{t \to \infty} m''_t =$

$= l(\overline{AC}) + l(\overline{CB})$.

Damit ist gezeigt:

Bemerkung 5.9. Für jede Strecke $\overline{AB}$ und jedes $C \in \overline{AB}$ gilt $l(\overline{AB}) = l(\overline{AC}) + l(\overline{CB})$.

Wir zeigen nun

Bemerkung 5.10. Die Abbildung $\lambda : s \cup \{E_0\} \to \mathbb{R}_+$ ist injektiv.

Beweis. Sei $E, E' \in s$ mit $\lambda(E) = \lambda(E')$ gegeben. Wir wollen zeigen, daß $E = E'$ ist. Sei etwa $E \in \overline{E_0 E'}$. Aus 5.9 folgt dann $\lambda(E') = l(\overline{E_0 E'}) = l(\overline{E_0 E}) + l(\overline{EE'}) = \lambda(E) + l(\overline{EE'})$ und somit $l(\overline{EE'}) = 0$.

Wir tragen nun $\overline{EE'}$ n-mal hintereinander auf s von E_0 aus ab und erhalten $E''_n \in s$. Dabei ist $l(\overline{E_0 E''_n}) = n \cdot l(\overline{E_0 E''_1})$ nach 5.9, also $l(\overline{E_0 E''_n}) = 0$ und somit $E''_n \in \overline{E_0 E}_{\frac{1}{2^t}}$

für alle $t = 1, 2, \dots$ und alle $n = 1, 2, \dots$. Nach dem Archimedischen Axiom ist dies nur möglich, wenn $E''_1 = E_0$ ist, d. h. wenn $E = E'$ ist.

Es ergibt sich nun auch sofort

Bemerkung 5.11. Haben zwei Strecken die gleiche Länge, dann sind sie kongruent.

Tragen wir die beiden Strecken nämlich auf dem Maßstab ab, so erhalten wir nach 5.10 den gleichen Punkt.

Durch 5.8, 5.9 und 5.11 ist jetzt gezeigt, daß man Strecken eine Länge mit den Eigenschaften $L1)$ und $L2)$ zuordnen kann, wenn das Archimedische Axiom erfüllt ist. Umgekehrt ergibt sich auch sofort die Gültigkeit des Archimedischen Axioms, wenn man für Strecken in E eine Länge mit den Eigenschaften $L1)$ und $L2)$ defi-nieren kann: Da $l : S \to \mathbb{R}_+$ ein injektiver Halbgruppenhomomorphismus ist, der außerdem ordnungserhaltend ist, folgt dies aus dem Archimedischen Axiom für die reellen Zahlen.

Wir fassen zusammen:

Satz 5.12. (E, G) sei eine Ebene mit Strecken und Bewegungen. Genau dann gibt es auf der Menge der Strecken von E eine Funktion l mit den eingangs angegebe-nen Eigenschaften $L1)$ und $L2)$, wenn in E auch noch das Archimedische Axiom $D1)$ erfüllt ist.

Beispiel 5.13. Sei $K \subset \mathbb{R}$ ein pythagoreischer Teilkörper. Wir machen $\mathbb{A}^2(K)$ wie in Beispiel 3.27 zu einer Ebene mit Strecken und Bewegungen. Für $A = (x_1, y_1)$, $B = (x_2, y_2)$ aus $\mathbb{A}^2(K)$ setzen wir dann

$$l(\overline{AB}) = \sqrt{(x_1 - x_2)^2 + (y_1 - y_2)^2}.$$

Aus der linearen Algebra ist bekannt, dann $L1$) und $L2$) erfüllt sind. Insbesondere gilt also D1) in $\mathbb{A}^2(K)$.

Es ist $l(\overline{AB}) \in K$ für alle $A, B \in \mathbb{A}^2(K)$. Ist $K \neq \mathbb{R}$, so kommen also nicht alle nichtnegativen reellen Zahlen als Längen von Strecken vor. Pythagoreische Teilkörper von $\mathbb{R}$, die von $\mathbb{R}$ verschieden sind, gibt es: Beispielsweise den Körper aller reellen algebraischen Zahlen.

Das folgende Axiom hat zur Konsequenz, daß wirklich alle nichtnegativen reellen Zahlen als Längen von Strecken auftreten:

D2)   (Intervallschachtelungsprinzip, Vollständigkeitsaxiom).

Sei $(\overline{A_n B_n})_{n=1,2,\ldots}$ eine beliebige Folge von Strecken aus E mit $\overline{A_{n+1} B_{n+1}} \subset \overline{A_n B_n}$

für n = 1, 2, ... (eine ,,Intervallschachtelung''). Dann gibt es in $\bigcap\limits_{n=1}^{\infty} \overline{A_n B_n}$ mindestens einen Punkt $P \in E$.

Hieraus folgt sofort, daß für eine Intervallschachtelung $(\overline{A_n B_n})_{n=1,2,\ldots}$

mit $\lim\limits_{n\to\infty} l(\overline{A_n B_n}) = 0$ genau ein Punkt $P \in \bigcap\limits_{n=1}^{\infty} \overline{A_n B_n}$ existiert. Enthielte der Durchschnitt nämlich zwei verschiedene Punkte P, Q, dann wäre $l(\overline{A_n B_n}) > l(\overline{PQ}) > 0$ für alle n = 1, 2, ...

Bemerkung 5.14. Wenn D2) in E erfüllt ist, dann ist die Abbildung $\lambda : s \cup \{E_0\} \to \mathbb{R}_+$ surjektiv.

Beweis. Jede reelle Zahl $r \geq 0$ läßt sich in eine unendliche Reihe der Form

$$r = m + \sum_{\nu=1}^{\infty} \epsilon_\nu \frac{1}{2^\nu} \text{ mit } m \in \mathbb{N}, \epsilon_\nu \in \{0, 1\}$$

entwickeln (Dyadische Entwicklung). Sei $A_t \in s \cup \{E_0\}$ der Punkt mit $\lambda(A_t) =$

$$= m + \sum_{\nu=1}^{t} \epsilon_\nu \cdot \frac{1}{2^\nu} \text{ und } B_t \in s \text{ der Punkt mit } \lambda(B_t) = \lambda(A_t) + \frac{1}{2^t} \text{ . Nach D2) gibt}$$

es in $\bigcap\limits_{t=1}^{\infty} \overline{A_t B_t}$ genau einen Punkt P. Nach Definition von λ ist dann $\lambda(P) = r$.

Speziell ist somit jedes $r \in \mathbb{R}_+$ Länge einer Strecke aus E. Ist umgekehrt $\lambda : s \cup \{E_0\} \to \mathbb{R}_+$ surjektiv, so folgt aus dem Intervallschachtelungsprinzip für die reellen Zahlen auch sofort die Gültigkeit von D2) in E. Wir haben also gezeigt:

Satz 5.15. (E, G) sei eine Ebene mit Strecken und Bewegungen. l sei eine Funktion auf der Menge der Strecken von E, die den Bedingungen $L1$) und $L2$) genügt. Genau dann ist jede reelle Zahl $r \geq 0$ Länge einer Strecke aus E, wenn in E auch D2) erfüllt ist. In diesem Fall ist $l : S \to \mathbb{R}_+$ ein Isomorphismus von Halbgruppen (d. h. ein bijektiver Halbgruppenhomomorphismus).

Wir wenden uns jetzt der Winkelmessung zu. Die Probleme sind in vieler Hinsicht ähnlich wie bei der Streckenmessung, so daß wir uns kürzer fassen können. Für den *Größenvergleich von Winkeln* betrachten wir zwei Kongruenzklassen $\{\alpha\}$ und $\{\beta\}$ von Winkeln α und β, die weder Nullwinkel noch gestreckte Winkel sind und eine Flagge (P, s, H) in E. Wir tragen α und β in der Flagge ab und erhalten Winkel α' und β' mit den Schenkeln s, s_1 bzw. s, s_2. Wir definieren

$$\{\alpha\} > \{\beta\} \text{ bzw. } \{\beta\} > \{\alpha\},$$

je nachdem s_2 im Innern des Winkels α' oder s_1 im Innern des Winkels β' liegt (vgl. 2.20):

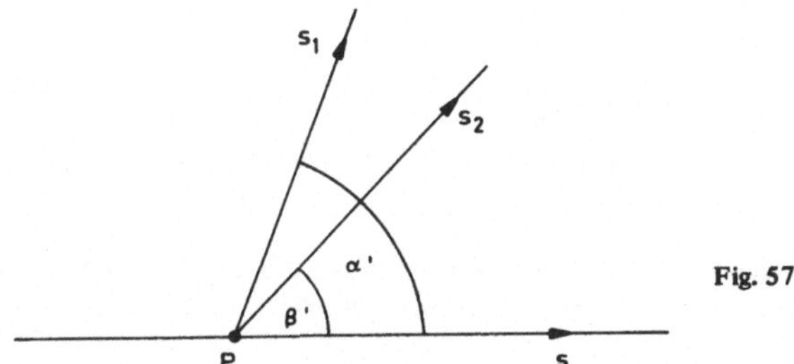

Fig. 57

Dies ist unabhängig von der Auswahl der Repräsentanten und der speziellen Flagge. Außer den beiden genannten Fällen kann nur noch der Fall $s_1 = s_2$ auftreten, nämlich genau dann, wenn $\{\alpha\} = \{\beta\}$.

Ist ferner $\{\sigma\}$ die Klasse der gestreckten Winkel und $\{0\}$ die der Nullwinkel, so soll

$$\{\sigma\} > \{\alpha\} > \{0\}$$

sein. Für beliebige Klassen $\{\alpha\}$, $\{\beta\}$ gilt dann genau eine der drei Beziehungen:

$$\{\alpha\} > \{\beta\}, \ \{\beta\} > \{\alpha\}, \ \{\alpha\} = \{\beta\}.$$

Ferner gilt das transitive Gesetz: Aus $\{\alpha\} > \{\beta\}$ und $\{\beta\} > \{\gamma\}$ folgt $\{\alpha\} > \{\gamma\}$.

Zur *Winkelmessung* konstruieren wir uns einen *Winkelmesser*: Wir wählen eine Flagge (P, s_0, H) in E. g sei die Gerade, auf der s_0 liegt; der zu s_0 komplementäre Strahl auf g werde mit s_{2R} bezeichnet, wobei R eine feste reelle Zahl >0 ist, etwa $R = \frac{\pi}{2}$.

Das Lot auf g in P definiert einen in H verlaufenden Strahl, den wir mit s_R bezeichnen. Durch Halbierung der Winkel mit den Schenkeln s, s_R bzw. s_R, s_{2R}

erhalten wir Strahlen $s_{\frac{R}{2}}$ bzw. $s_{\frac{3R}{2}}$ in H. Fortgesetzte Halbierung der jeweils konstruierten Winkel liefert für jedes $t = 1, 2, \ldots$ Strahlen $s_{\nu\frac{R}{2^{t-1}}}$ $(\nu = 0, \ldots, 2^t)$.

Diese bilden die *Skala* der Ordnung t des Winkelmessers:

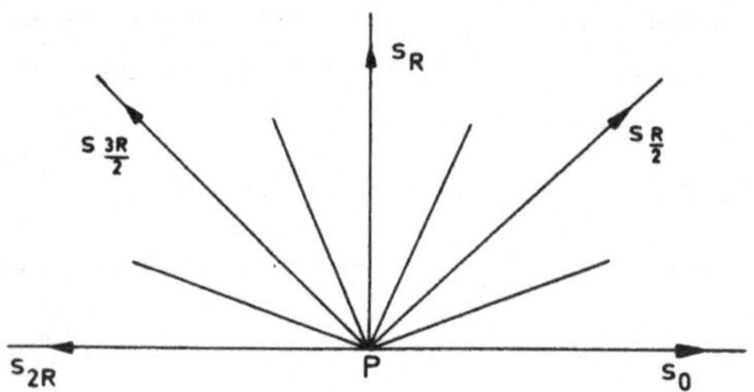

Fig. 58

Der Winkel mit den Schenkeln s_0, $s_{\nu\frac{R}{2^{t-1}}}$ werde mit $\alpha_{\nu\frac{R}{2^{t-1}}}$ bezeichnet und es werde $w(\alpha_{\nu\frac{R}{2^{t-1}}}) := \nu \cdot \dfrac{R}{2^{t-1}}$ gesetzt $(\nu = 0, \ldots, 2^t;\ t = 1, 2, \ldots)$.

Ist nun α ein beliebiger Winkel, so tragen wir ihn in der Flagge (P, s_0, H) ab und erhalten α'. Für alle $t = 1, 2, \ldots$ gibt es dann ein $\nu_t \in \{0, \ldots, 2^t\}$ mit

$$\left\{ \alpha_{\nu_t} \cdot \frac{R}{2^{t-1}} \right\} \leq \{\alpha\} < \left\{ \alpha_{(\nu_t+1)} \cdot \frac{R}{2^{t-1}} \right\}.$$

Wir definieren das *Winkelmaß* von α durch

$$w(\alpha) := \lim_{t \to \infty} \nu_t \cdot \frac{R}{2^{t-1}} = \lim_{t \to \infty} w\left(\alpha_{\nu_t} \cdot \frac{R}{2^{t-1}}\right).$$

Speziell ist $w(\alpha) = 0$ für einen Nullwinkel α, $w(\alpha) = R$ für einen rechten Winkel α und $w(\alpha) = 2R$ für einen gestreckten Winkel. Kongruente Winkel haben gleiches Winkelmaß.

Bis jetzt haben wir für die Winkelmessung noch keinen Gebrauch gemacht vom Archimedischen Axiom und vom Vollständigkeitsaxiom. Wir wollen jetzt das Axiom D1) voraussetzen und annehmen, daß schon eine Längenfunktion l mit den Eigenschaften L1), L2) konstruiert ist.

Es soll gezeigt werden, daß Winkel mit gleichem Winkelmaß kongruent sind. Dazu bedarf es einiger Vorbereitungen:

Lemma 5.16. (A, B, C) sei ein rechtwinkliges Dreieck mit rechtem Winkel bei C.

Dann gilt:

a) Die Winkel bei A und B sind spitz.

b) $l(\overline{AB}) > l(\overline{BC})$, $l(\overline{AB}) > l(\overline{AC})$.

(„Die Hypotenuse ist länger als die Katheten").

Beweis

a) Sei h das Lot von A auf g(A, C). Dann ist h ‖ g(B, C), denn zwei Lote auf derselben Gerade sind parallel. B und C liegen dann in derselben Halbebene bzgl.
h und somit ist der Winkel bei A spitz. Analog schließt man für B.

b) Angenommen, es wäre $l(\overline{AB}) \leq l(\overline{BC})$. Wir tragen $\overline{AB}$ von B aus auf dem Strahl
durch C ab und erhalten $A' \in \overline{BC}$. Das Dreieck (A, A', B) ist gleichschenklig.
Die Winkelhalbierende des Winkels bei B „zerlegt" es nach 4.8 in zwei kongruente rechtwinklige Dreiecke. Nach der schon bewiesenen Aussage a) ist der
Winkel bei A spitz, also auch der bei A'. Durch Errichten des Lots in A' auf
g(B, C) sieht man aber, daß (A, A', B) bei A' einen stumpfen oder rechten
Winkel besitzt, ein Widerspruch.

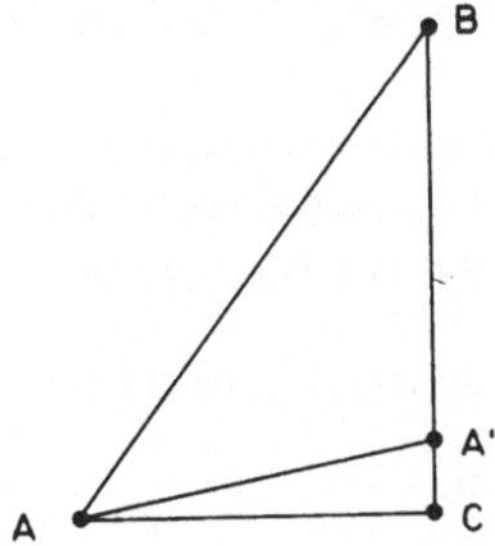

Fig. 59

Lemma 5.17. Halbiert man einen Winkel, der nicht Nullwinkel oder gestreckter
Winkel ist, so bekommt man einen spitzen Winkel.

Trägt man eine Strecke $\overline{PQ}$ mit P $\neq$ Q auf den beiden Schenkeln ab, so bekommt
man ein gleichschenkliges Dreieck, das durch die Winkelhalbierende in rechtwinklige
Dreiecke „zerlegt" wird. Die Behauptung folgt daher aus 5.16 a).

Lemma 5.18. (A, B, C) sei ein rechtwinkliges Dreieck mit rechtem Winkel bei C.
g sei die Winkelhalbierende des Winkels bei A. Es gilt:

a) g schneidet $\overline{BC}$ in einem Punkt D.

b) $l(\overline{BD}) > l(\overline{DC})$.

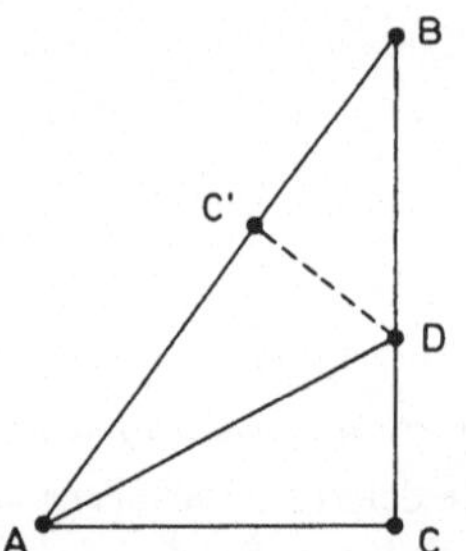

Fig. 60

Beweis. Da B und C in verschiedenen Halbebenen bzgl. g liegen ist $g \cap \overline{BC} \neq \phi$. Ferner ist $l(\overline{AC}) < l(\overline{AB})$ nach 5.16. Durch Abtragen von $\overline{AC}$ von A aus auf dem Strahl durch B erhalten wir $C' \in \overline{AB}$. Die Dreiecke (A, C, D) und (A, C', D) sind dann kongruent, folglich ist (B, C', D) rechtwinklig mit rechtem Winkel bei C'. Aus 5.16 folgt $l(\overline{BD}) > l(\overline{DC'}) = l(\overline{DC})$.

Satz 5.19. Sind α, β Winkel in E mit $w(\alpha) = w(\beta)$, dann sind sie kongruent.

Beweis. Man sieht leicht, daß es genügt, die folgende Aussage zu beweisen: Jeder Winkel α mit $w(\alpha) = 0$ ist ein Nullwinkel.

Angenommen, dies wäre nicht wahr. Wir tragen α dann in der Flagge (P, s_0, H) unseres Winkelmessers ab und erhalten einen Winkel α' mit den Schenkeln s_0, s, wobei $s \neq s_0$ ist, aber s im Innern jedes der Winkel $\alpha_{\frac{R}{2^t}}$ $(t = 1, 2, \ldots)$ liegt.

Wir fällen das Lot h von einem Punkt $E_1 \in s_{\frac{R}{2}}$ auf die durch s_0 bestimmte Gerade g. h schneide $s_{\frac{R}{2^t}}$ in E_t $(t = 1, 2, \ldots)$, s in D und s_0 in C.

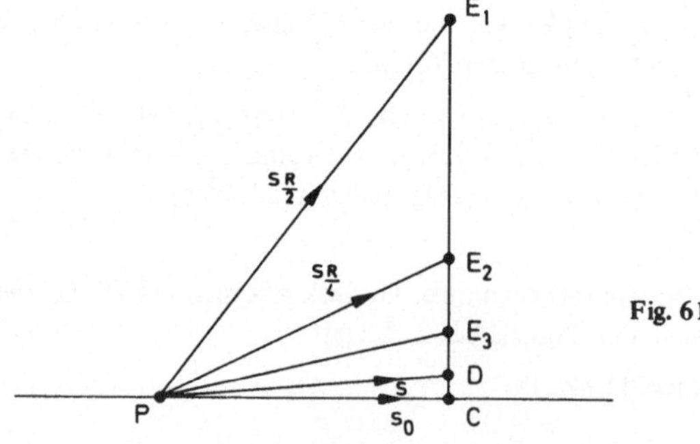

Fig. 61

Es ist dann $l(\overline{CD}) \neq 0$, da $s \neq s_0$, und ferner ist nach 5.18 $l(\overline{CE}) < \frac{1}{2} l(\overline{CE}_{t-1}) <$
$\ldots < \frac{1}{2^{t-1}} l(\overline{CE}_1)$ für $t = 2, 3, \ldots$. Für genügend großes t ist dann $l(\overline{CE}_t) < l(\overline{CD})$.
Dies widerspricht aber der Tatsache, daß D im Innern jedes der Winkel $\alpha_{\frac{R}{2^t}}$ liegt.
Der Satz ist damit bewiesen.

Satz 5.20. α sei ein Winkel mit den Schenkeln s_1, s_2 und dem Scheitel P. s sei ein
von P ausgehender Strahl, der im Innern von α verläuft oder mit s_1 oder s_2 über-
einstimmt. (Wenn α gestreckter Winkel ist, darf s irgendein von P ausgehender
Strahl sein). α_i seien die Winkel mit den Schenkeln s, s_i ($i = 1, 2$). Dann gilt

$$w(\alpha) = w(\alpha_1) + w(\alpha_2).$$

Der Beweis ist analog zu dem von 5.9.

Wenn man in (E, G) noch das Vollständigkeitsaxiom voraussetzt, so läßt sich leicht
zeigen, daß es für jedes $w \in \mathbb{R}$ mit $0 \leq w \leq 2R$ einen Winkel α mit $w(\alpha) = w$
gibt.

Der folgende Satz wurde im wesentlichen von dem Jesuitenpater Saccheri im Jahre
1733 hergeleitet, bei seinem Versuch, die Aussage des Euklidischen Parallelenaxioms
zu beweisen:

Satz 5.21. (E, G) sei eine Ebene mit Strecken und Bewegungen, in der das Archimedische Axiom erfüllt ist. w bezeichne das oben eingeführte Winkelmaß. Für jedes
Dreieck (A, B, C) mit Innenwinkeln α, β, γ gilt dann

$$w(\alpha) + w(\beta) + w(\gamma) \leq 2R.$$

Beweis. Es genügt, den Fall zu betrachten, daß A, B, C nicht auf einer Geraden
liegen. D sei der Mittelpunkt von $\overline{BC}$ und $C' \in g(A, D)$ sei durch die Forderungen
$\overline{DC'} \equiv \overline{AD}$, $C' \neq A$ bestimmt.

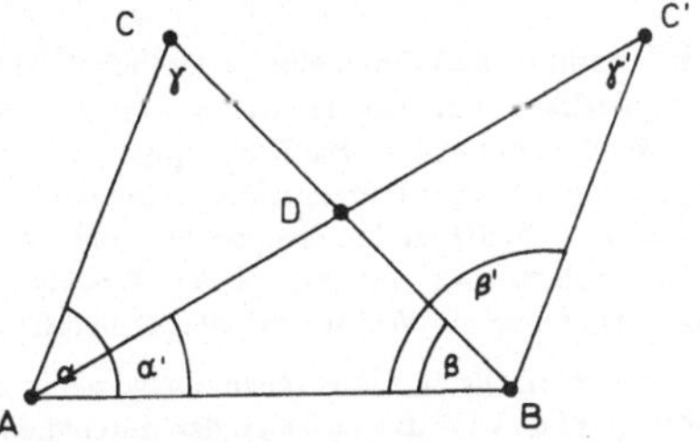

Fig. 62

Es ist dann $(A, D, C) \equiv (C', D, B)$. Sind α', β', γ' die Innenwinkel von (A, B, C'),
so gilt nach 5.20

$$w(\alpha) = w(\alpha') + w(\gamma')$$
$$w(\beta') = w(\beta) + w(\gamma).$$

Insbesondere ist $w(\beta) + w(\gamma) < 2R$, womit zunächst gezeigt ist, daß die Summe zweier Winkel in einem Dreieck $<2R$ ist. Ferner hat man

$$w(\alpha) + w(\beta) + w(\gamma) = w(\alpha') + w(\beta') + w(\gamma').$$

Wir haben also (A, B, C) ersetzt durch ein Dreieck mit der gleichen Winkelsumme, es ist aber $w(\alpha') \leq \frac{1}{2} w(\alpha)$ oder $w(\gamma') \leq \frac{1}{2} w(\alpha)$.

Durch Iteration des Verfahrens können wir ein Dreieck (A^*, B^*, C^*) mit Innenwinkeln $\alpha^*, \beta^*, \gamma^*$ konstruieren, das die gleiche Winkelsumme wie (A, B, C) besitzt, wobei für einen der Innenwinkel, etwa α^*, gilt: $w(\alpha^*) < \epsilon$ mit einem beliebig vorgegebenen $\epsilon \in \mathrm{IR}$, $\epsilon > 0$.

Wäre nun $w(\alpha) + w(\beta) + w(\gamma) > 2R$, so setzen wir $\epsilon := w(\alpha) + w(\beta) + w(\gamma) - 2R$; in dem für dieses ϵ konstruierten Dreieck (A^*, B^*, C^*) ist dann $w(\beta^*) + w(\gamma^*) < 2R$ und daher $w(\alpha) + w(\beta) + w(\gamma) = w(\alpha^*) + w(\beta^*) + w(\gamma^*) < 2R + \epsilon = w(\alpha) + {} + w(\beta) + w(\gamma)$, ein Widerspruch.

Daß die Winkelsumme gleich $2R$ ist, läßt sich hier noch nicht beweisen, da diese Aussage äquivalent ist mit der Gültigkeit des Parallelenaxioms (Übungsaufgabe 5)).

Vorschläge für weitere Studien

Um die Winkeladdition zu definieren, ist es zweckmäßig, den Begriff des „orientierten Winkels" einzuführen.

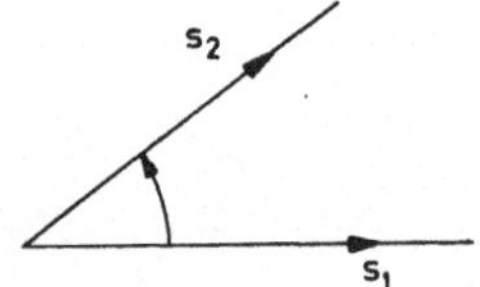

Zwei orientierte Winkel heißen „kongruent", wenn sie sich durch eine „eigentliche" Bewegung zur Deckung bringen lassen. Die Kongruenzklassen orientierter Winkel werden durch die Winkeladdition zu einer abelschen Gruppe, welche isomorph ist zur Drehungsgruppe um einen Punkt. Man ordnet einem orientierten Winkel in der aus der Elementargeometrie bekannten Weise als Winkelmaß eine „Restklasse" $r + 2\pi \, \mathbb{Z}$ ($r \in \mathrm{IR}$) zu. Die Gruppe der Kongruenzklassen orientierter Winkel wird dadurch isomorph zu einer Untergruppe der „Restklassengruppe" $\mathrm{IR}/2\pi \, \mathbb{Z}$ (zur vollen Restklassengruppe, wenn das Vollständigkeitsaxiom erfüllt ist).

Die bisher betrachteten Axiome A)–D) werden im nächsten Paragraphen noch ergänzt durch das Parallelenaxiom P). Im übernächsten Paragraphen wird dann gezeigt, daß durch die Axiome A)–D) und P) die euklidische Geometrie bis auf Isomorphie eindeutig bestimmt ist. Später wird bewiesen, daß es auch eine Geometrie gibt, die den Axiomen A)–D) genügt, nicht aber P). Diese Geometrie (es läßt sich zeigen, daß sie ebenfalls bis auf Isomorphie eindeutig bestimmt ist, was aber in diesem Buch nicht bewiesen wird), ist die nichteuklidische hyperbolische Geometrie, die wir kurz die „nichteuklidische Geometrie" nennen werden. Unsere bisherigen, allein aus den Axiomen A)–D) hergeleiteten Sätze sind in der euklidischen und nichteuklidischen Geometrie gültig: Es sind Sätze der „absoluten Geometrie".

Durch Weglassen und Hinzufügen neuer Axiome erhält man weitere nichteuklidische Geometrien, z. B. die „nichtarchimedische Geometrie", in der man auf das Archimedische Axiom verzichtet. Eine große Rolle spielt auch noch die „elliptische Geometrie". Für Genaueres verweisen wir den interessierten Leser auf die Literatur (etwa F. Klein [12]).

Übungsaufgaben

In diesen Aufgaben ist eine Ebene (E, G) mit Strecken und Bewegungen gegeben, in der das Archimedische Axiom erfüllt ist. Wie im Text sei l eine Längenfunktion mit den Eigenschaften $L1)$ und $L2)$ und w ein Winkelmaß.

1. Für $A, B \in E$ und $g \in G$ mit $A \in g$ sei B' der Fußpunkt des Lots von B auf g. Dann ist $l(\overline{AB'}) \leq l(\overline{AB})$ und $l(\overline{AB'}) = l(\overline{AB})$ gilt genau dann, wenn $B \in g$.

2. (Dreiecksungleichung) Für $A, B, C \in E$ ist

   $$l(\overline{AC}) \leq l(\overline{AB}) + l(\overline{BC}).$$

3. In E sei eine weitere Längenfunktion l' mit den Eigenschaften $L1)$ und $L2)$ gegeben. Man zeige, daß es ein $r \in \mathbb{R}$, $r > 0$ gibt, so daß $l'(\overline{AB}) = r \cdot l(\overline{AB})$ ist für alle $A, B \in E$.

4. $\alpha \in \mathrm{Aut}^s(E, G)$ ist genau dann eine Bewegung, wenn gilt: $l(\overline{\alpha(A)\,\alpha(B)}) = l(\overline{AB})$ für alle $A, B \in E$.

5. Für alle Dreiecke in E gelte $w(\alpha) + w(\beta) + w(\gamma) = 2R$, wenn α, β, γ die Innenwinkel sind. Man zeige, daß in E das Parallelenaxiom erfüllt ist. (Die Umkehrung hiervon ist natürlich ebenfalls richtig).

6. Man überlege sich, ob man auf der Grundlage unserer bisherigen Axiome die Trigonometrie in der Weise aufbauen kann, wie das in der Schulgeometrie üblich ist.

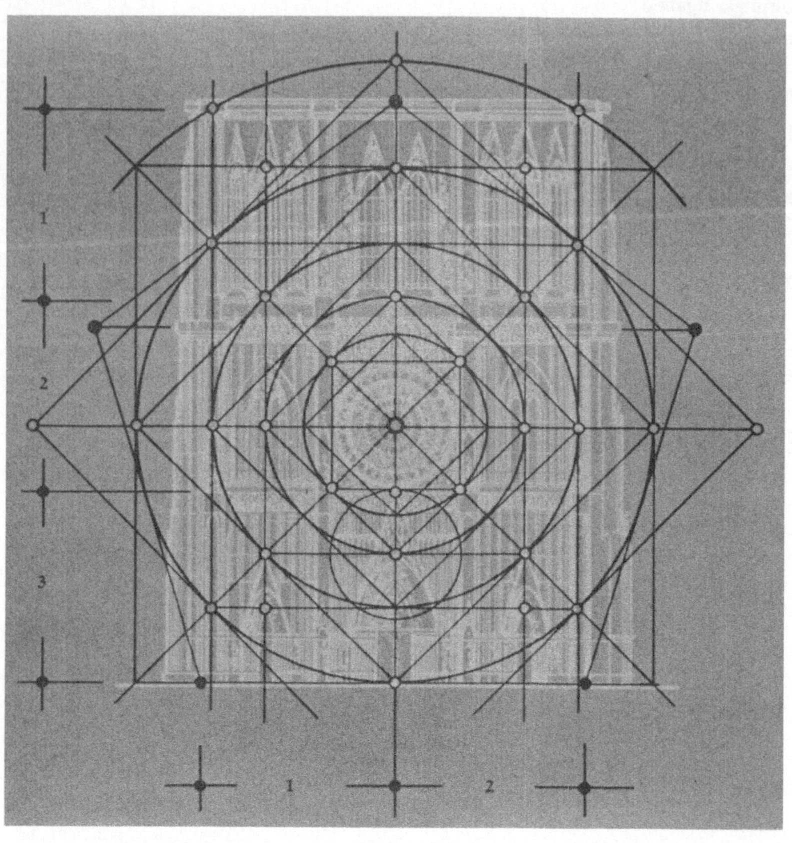

Proportionen des Straßburger Münsters

§ 6. Einige Folgerungen aus dem Parallelenaxiom

Wir setzen jetzt voraus, daß (E, G) eine Ebene mit Strecken und Bewegungen ist, in der das Archimedische Axiom D1) gilt. l sei eine Längenfunktion für die Strecken in E mit den Eigenschaften $L1$) und $L2$) aus § 5, von der wir noch annehmen, daß es eine Strecke $\overline{OE}$ mit $l(\overline{OE}) = 1$ gibt (was man durch Multiplikation mit einem geeigneten Faktor immer erreichen kann). Das Vollständigkeitsaxiom D2) wird nicht vorausgesetzt, doch fordern wir das Erfülltsein des *Parallelenaxioms*:

P) Zu jeder Geraden $g \in G$ und jedem Punkt $P \in E$ gibt es *genau eine* Gerade $g' \in G$ mit $P \in g'$, $g \parallel g'$.

Man kann P) durch das folgende schwächere Axiom ersetzen:

P_0) Es gibt eine Gerade g und einen Punkt $P \notin g$, so daß durch P genau eine Parallele zu g geht.

P) kann dann aus P_0) gefolgert werden (Übungsaufgabe 9).

Bemerkung 6.1. Die Parallelität ist eine Äquivalenzrelation.

Es ist nur das transitive Gesetz für die Parallelität zu zeigen: Seien also $g_1, g_2, g_3 \in G$ und $g_1 \parallel g_2$, $g_2 \parallel g_3$. Angenommen, es sei $g_1 \cap g_3 \neq \phi$. Sei $P \in g_1 \cap g_3$. Nach dem Parallelenaxiom ist g_1 die eindeutig bestimmte Parallele zu g_2 durch P und das Gleiche gilt für g_3. Es folgt $g_1 = g_3$. In jedem Fall ist also $g_1 \parallel g_3$.

Der nächste Satz zeigt, daß parallele Geraden überall gleichen Abstand haben (was einem nur aus Gewohnheit so selbstverständlich erscheint).

Satz 6.2. $g \parallel g'$ seien parallele Geraden, ferner seien A, B $\in$ g. A$'$, B$'$ seien die Fußpunkte der Lote von A bzw. B auf g'. Dann gilt:

$$\overline{AB} \equiv \overline{A'B'}, \quad \overline{AA'} \equiv \overline{BB'}.$$

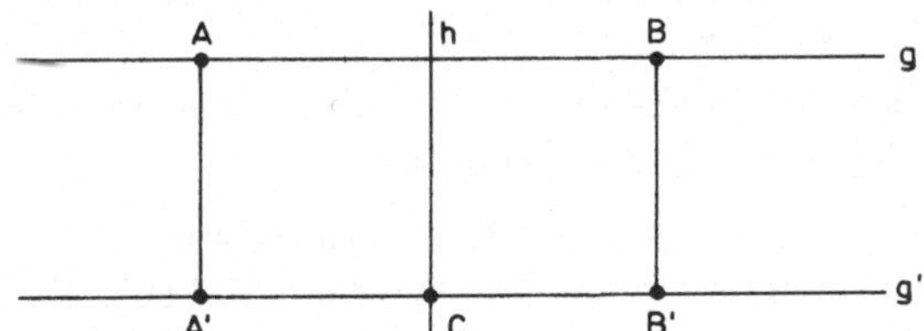

Fig. 63

Beweis. Wir können annehmen, daß $g \neq g'$ und $A \neq B$ ist. Sei σ_h die Spiegelung mit $\sigma_h(A) = B$. Dann ist $\sigma_h(g) = g$, also $g \perp h$. Sei $\{C\} = h \cap g'$ und g'' das Lot von C auf h. Wir wissen, daß $g'' \parallel g$ ist (vgl. Beweis von 3.20). Nach P) muß also $g'' = g'$ sein, also auch $g' \perp h$ und somit $\sigma_h(g') = g'$. Wegen der Eindeutigkeit des Lots geht das Lot von A auf g' bei σ_h in das Lot von B auf g' über, also A$'$ in B$'$. Es folgt $\overline{AA'} \equiv \overline{BB'}$. Es ist $g(A, A') \parallel g(B, B')$ wieder wegen der Eindeutigkeit des Lots. Aus Symmetriegründen ergibt sich nun auch $\overline{AB} \equiv \overline{A'B'}$.

Satz 6.3. g, g′ und h seien Geraden mit $h \cap g \neq \phi$ und $h \cap g' \neq \phi$. α, β und γ seien Winkel, die gemäß der folgenden Figur definiert sind:

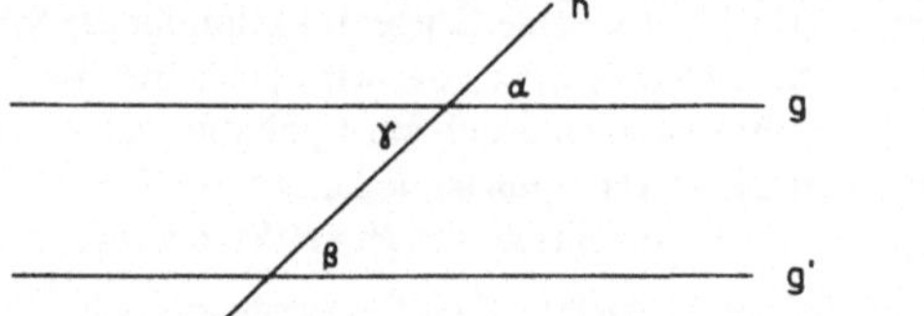

Fig. 64

Dann sind folgende Aussagen äquivalent:

a) $g \parallel g'$,

b) $\alpha \equiv \beta$,

c) $\beta \equiv \gamma$.

Beweis. Da nach 4.6 Scheitelwinkel kongruent sind, ist die Gleichwertigkeit der Aussagen b) und c) klar. Aus $\alpha \equiv \beta$ folgt $g \parallel g'$ nach 4.7. Sei also jetzt a) erfüllt und $A \in g \cap h$, $B' \in g' \cap h$. A' sei der Fußpunkt des Lots von A auf g′ und B der Fußpunkt des Lots von B′ auf g. Wir können $g \neq g'$ annehmen.

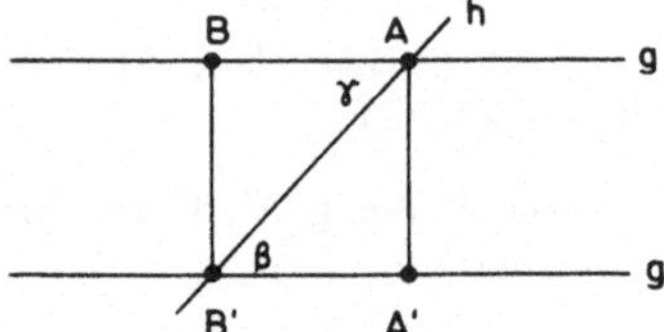

Fig. 65

Dann ist $(A, A', B') \equiv (B', B, A)$ und somit $\beta \equiv \gamma$. Damit ist die Gleichwertigkeit der Bedingungen a), b), c) gezeigt.

Man nennt Winkel, die sich wie α und β zueinander verhalten, *Stufenwinkel* und solche, die wie β und γ zueinander liegen, *Wechselwinkel*.

Definition 6.4. Ein Viereck (A, B, C, D) heißt *Parallelogramm*, wenn $g(A, B) \parallel g(C, D)$ und $g(A, D) \parallel g(B, C)$. Es heißt *Rechteck*, wenn überdies $g(A, B) \perp g(A, D)$.

Es ergibt sich leicht, daß in einem Parallelogramm „gegenüberliegende" Seiten kongruent sind und daß in einem Rechteck alle „Winkel" rechte Winkel sind.

Eine Verallgemeinerung des Begriffs der Kongruenz ist der der „Ähnlichkeit" von Figuren:

Definition 6.5. Ein streckenerhaltender Automorphismus λ von (E, G) heißt *Ähnlichkeit*, wenn für alle Winkel α von E gilt:

$$\lambda(\alpha) \equiv \alpha.$$

Man sieht sofort, daß gilt:

Bemerkung 6.6. Die Ähnlichkeiten bilden eine Untergruppe von $\mathrm{Aut}^s(E, G)$, welche ihrerseits die Bewegungsgruppe von (E, G) als Untergruppe enthält.

Definition 6.7. Zwei Punktmengen M und N aus E heißen *ähnlich*, wenn es eine Ähnlichkeit λ mit $\lambda(M) = N$ gibt. Zwei Dreiecke (A, B, C) und (A', B', C') heißen ähnlich, wenn die Punktmengen $\{A, B, C\}$ und $\{A', B', C'\}$ ähnlich sind.

Aus der Gruppeneigenschaft der Ähnlichkeiten folgt sofort, daß die Ähnlichkeit von Punktmengen aus E eine Äquivalenzrelation ist. Wir bezeichnen im folgenden die Innenwinkel und Kantenlängen von Dreiecken gemäß Fig. 66:

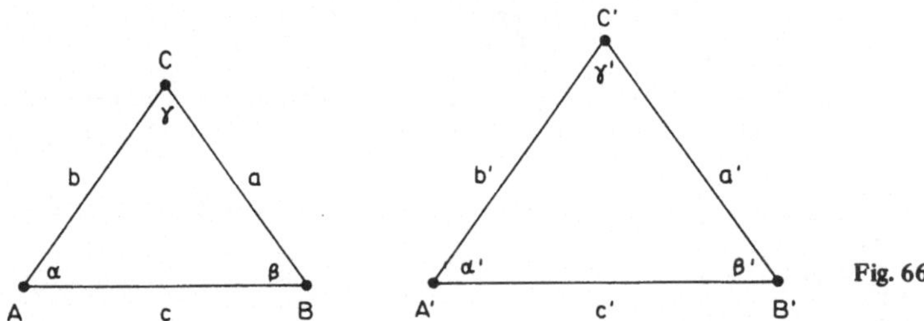

Fig. 66

Grundlegend für die „Ähnlichkeitslehre" ist der *Strahlensatz*:

Satz 6.8. Sind wie in Fig. 66 zwei Dreiecke (A, B, C) und (A', B', C') gegeben, wobei die Eckpunkte nicht auf einer Geraden liegen, und gilt $\alpha \equiv \alpha'$, $\beta \equiv \beta'$, so gilt auch $\gamma \equiv \gamma'$ und

$$\frac{a'}{a} = \frac{b'}{b} = \frac{c'}{c} \ .$$

Beweis. Durch eine Bewegung können wir β' mit β zur Deckung bringen. Die beiden Dreiecke haben dann folgende Lage zueinander:

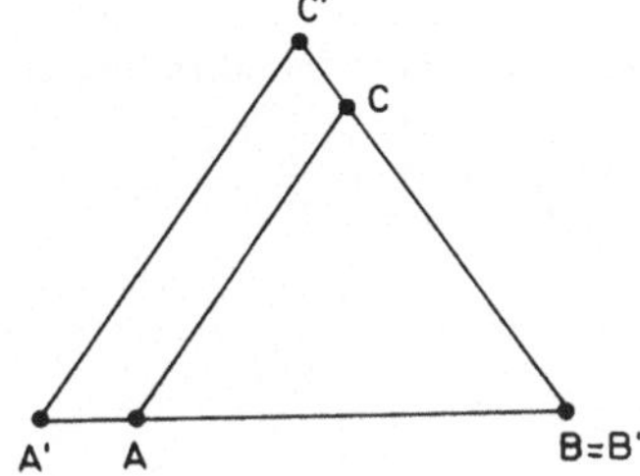

Fig. 67

und es ist $g(A, C) \parallel g(A', C')$ nach 6.3 und folglich auch $\gamma \equiv \gamma'$.

1. Fall. A sei der Mittelpunkt von $\overline{A'B}$. Die Parallele zu $g(A', B')$ durch C schneidet $\overline{A'C'}$ in einem Punkt D:

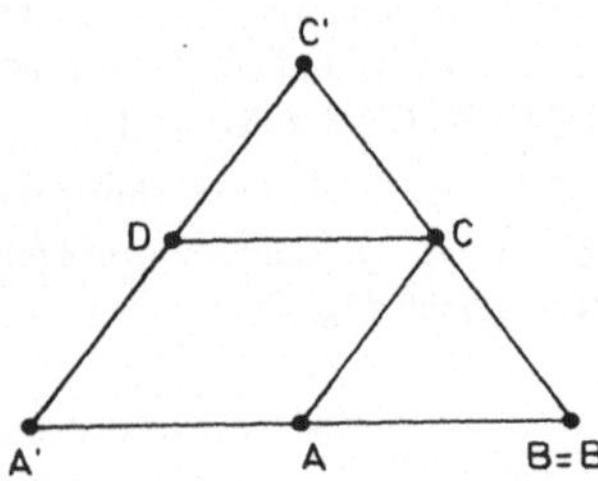

Fig. 68

Es ist dann $(A, B, C) \equiv (D, C, C')$ nach 6.3 und auf Grund der Tatsache, daß $\overline{AB} \equiv \overline{A'A} \equiv \overline{DC}$ ist, weil (A', A, C, D) ein Parallelogramm ist.

Es ist dann auch $\overline{C'C} \equiv \overline{CB}$, d. h. C ist der Mittelpunkt von $\overline{B'C'}$. Aus $a = \dfrac{a'}{2}$, $c = \dfrac{c'}{2}$ folgt $\dfrac{a'}{a} = 2 = \dfrac{c'}{c}$.

2. Fall. In Fig. 67 halbieren wir die Strecke $\overline{A'B'}$; anschließend halbieren wir alle entstandenen Teilstrecken wieder. Durch fortgesetztes Halbieren und Ziehen von Parallelen entsteht eine Figur von folgender Form:

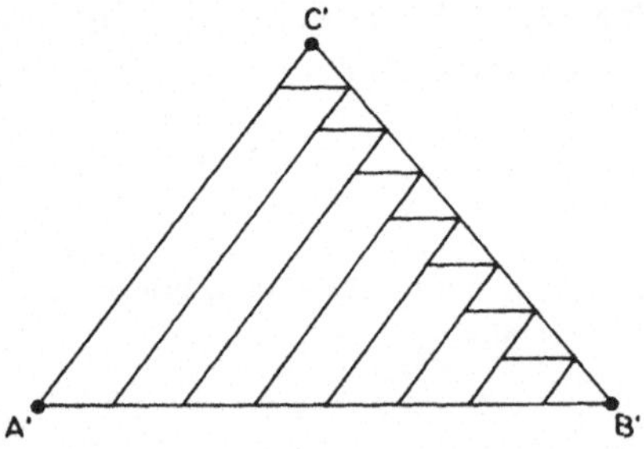

Fig. 69

Hier sind die „kleinen" Dreiecke alle kongruent. Ist A einer der durch fortgesetzte Halbierung gewonnenen Punkte auf $\overline{A'B'}$, so gilt $c = \left(\sum_{\nu=1}^{t} \epsilon_\nu \dfrac{1}{2^\nu} \right) \cdot c'$ mit gewissem $t \in \mathbb{N}$ und gewissen $\epsilon_\nu \in \{0, 1\}$. Es folgt dann $a = \left(\sum_{\nu=1}^{t} \epsilon_\nu \dfrac{1}{2^\nu} \right) \cdot a'$ und somit $\dfrac{a'}{a} = \dfrac{c'}{c}$.

3. Fall (Allgemeiner Fall): Sei $0 < c \leq c'$ jetzt beliebig. Für jedes $t \in \mathbb{N}$ gibt es dann ein c_1^t der Form $c_1^t = \left(\sum\limits_{\nu=1}^{t} \epsilon_\nu \frac{1}{2^\nu} \right) c'$ mit $c_1^t \leq c < c_1^t + \frac{c'}{2^t}$. Wir betrachten die Punkte A_1^t und A_2^t auf $\overline{A'B'}$, die von B' den Abstand c_1^t bzw. $c_1^t + \frac{c'}{2^t}$ haben und ziehen Parallelen zu $g(A', C')$ durch diese Punkte. Die Schnittpunkte mit $g(B', C')$ seien C_1^t und C_2^t :

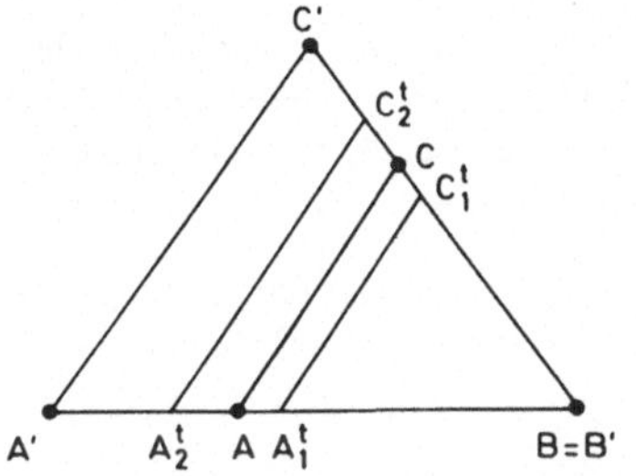

Fig. 70

Es ist $l(\overline{C_1^t B}) \leq l(\overline{CB}) < l(\overline{C_2^t B})$, andernfalls könnten die Geraden $g(A_1^t, C_1^t)$, $g(A, C)$ und $g(A_2^t, C_2^t)$ nicht parallel sein. Nach dem im 2. Fall Gezeigten ist

$$\frac{c'}{c_1^t} = \frac{a'}{l(\overline{C_1^t B})} \ , \ \frac{c'}{c_2^t} = \frac{a'}{l(\overline{C_2^t B})}$$

und somit

$$a'c_1^t \leq ac' < a'c_2^t \ .$$

Da $\lim\limits_{t \to \infty} c_1^t = \lim\limits_{t \to \infty} c_2^t = c$ ist, ergibt sich $a'c = ac'$, d.h. $\frac{c'}{c} = \frac{a'}{a}$. Entsprechend erhält man auch $\frac{b'}{b} = \frac{a'}{a}$.

Der Strahlensatz verallgemeinert sich zu folgender Aussage:

Satz 6.9. Für jede Ähnlichkeit λ von (E, G) gibt es eine reelle Zahl $r > 0$, so daß für alle $A, B \in E$ gilt:

$$l(\overline{\lambda(A)\,\lambda(B)}) = r \cdot l(\overline{AB}).$$

Der Beweis folgt nach einigen Vorbereitungen.

Definition 6.10. Eine Ähnlichkeit, die einen Punkt $P \in E$ festläßt und alle von P ausgehenden Strahlen auf sich abbildet, heißt eine *Dehnung* mit dem Zentrum P.

Satz 6.11. Ist λ eine Ähnlichkeit und P ein Punkt von E, so kann man schreiben

$$\lambda = \beta \circ \delta,$$

wobei β eine Bewegung und δ eine Dehnung mit dem Zentrum P ist.

Beweis. Wir betrachten eine Flagge (P, s, H) und ihr Bild $(\lambda(P), \lambda(s), \lambda(H)) =:$
$=: (P', s', H')$ bei λ. Es gibt dann eine Bewegung β mit $\beta(P') = P$, $\beta(s') = s$, $\beta(H') = H$.
Für $\delta := \beta \circ \lambda$ ist dann $\delta(P) = P$, $\delta(s) = s$ und $\delta(H) = H$. Natürlich ist auch δ eine
Ähnlichkeit.

Ist nun s* ein beliebiger von P ausgehender Strahl und α der Winkel mit den
Schenkeln s, s*, so ist $\delta(\alpha) \equiv \alpha$. Nach dem Satz über die Eindeutigkeit des Ab-
tragens von Winkeln in Flaggen folgt $\delta(\alpha) = \alpha$, also $\delta(s*) = s*$. Somit ist δ eine
Dehnung. Aus $\lambda = \beta^{-1} \circ \delta$ ergibt sich die Behauptung.

Zum *Beweis von Satz 6.9* genügt es, die Aussage des Satzes für Dehnungen zu beweisen. Sei also λ eine Dehnung mit dem Zentrum P. Wir wählen ein $P' \neq P$ und
setzen

$$r := \frac{l(\overline{P\lambda(P')})}{l(\overline{PP'})} \, .$$

Ist $A \notin g(P, P')$, dann folgt $l(\overline{P\lambda(A)}) = r\, l(\overline{PA})$ nach dem Strahlensatz. Durch
nochmalige Anwendung des Strahlensatzes ergibt sich diese Formel auch für
$A \in g(P, P')$.

(Wir haben damit gezeigt, daß eine Dehnung mit dem Zentrum P jede Strecke $\overline{PA}$
abbildet auf eine Strecke $\overline{PA'}$, die auf demselben von P ausgehenden Strahl liegt
und für die $l(\overline{PA'}) = r \cdot l(\overline{PA})$ ist).

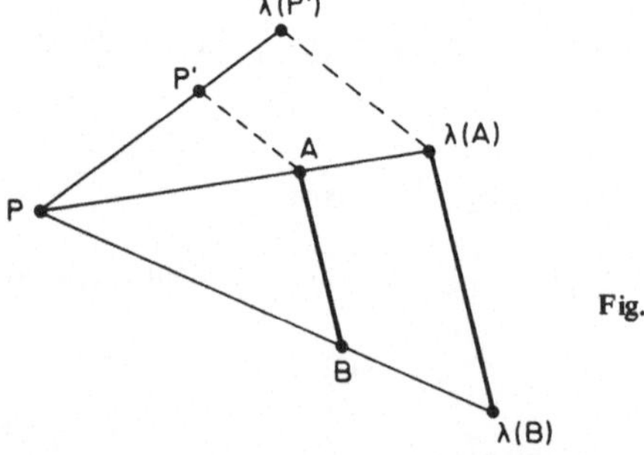

Fig. 71

Sind nun A, B $\in E$ beliebig gegeben und liegen P, A, B nicht auf einer Geraden,
dann folgt aus dem Strahlensatz, daß $l(\overline{\lambda(A)\,\lambda(B)}) = r l(\overline{AB})$ ist. Liegen dagegen

P, A, B auf einer Geraden g, so wählen wir $C \notin g$. Es ist dann nach dem Strahlensatz, angewandt auf das Dreieck (A, B, C),

$$\frac{l(\overline{\lambda(A)\,\lambda(B)})}{l(\overline{AB})} = \frac{l(\overline{\lambda(A)\,\lambda(C)})}{l(\overline{AC})} = r, \quad \text{q.e.d.}$$

Ein Problem der elementaren Geometrie besteht darin, geschlossenen doppelpunktfreien Polygonen (vgl. § 2, Übungsaufgabe 3)) einen „Flächeninhalt" zuzuordnen und Formeln zur Berechnung des Flächeninhalts anzugeben. Wir benötigen für das Folgende nur den Flächeninhalt von Parallelogrammen:

Sei (A, B, C, D) ein Parallelogramm. Wir ordnen ihm zwei Rechtecke gemäß der folgenden Figur zu:

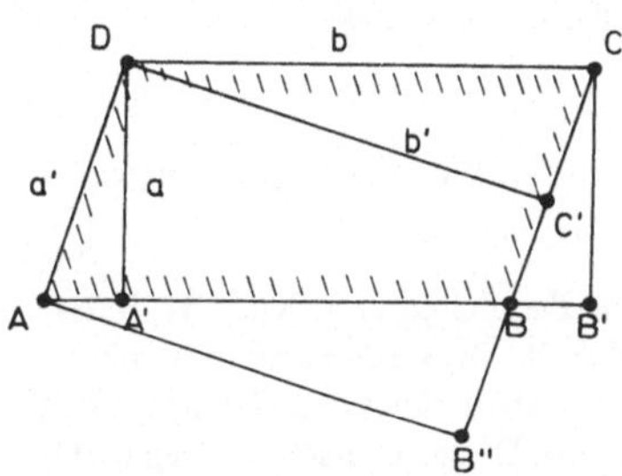

Fig. 72

A' ist der Fußpunkt des Lotes von D auf g(A, B), ähnlich sind B', B'' und C' erklärt. Ferner sei $a := l(\overline{A'D})$, $a' := l(\overline{AD})$, $b' := l(\overline{DC'})$, $b := l(\overline{DC})$.

Satz 6.12. Es gilt $a \cdot b = a' \cdot b'$.

Beweis. Es ist $\sphericalangle ADA' \equiv \sphericalangle C'DC$ wie man durch Spiegelung an der Winkelhalbierenden von $\sphericalangle A'DC'$ einsieht. Ferner ist $\sphericalangle DAA' \equiv \sphericalangle DCC'$ (Wechselwinkel). Somit erfüllen die Dreiecke (A, A', D) und (C, C', D) die Voraussetzungen des Strahlensatzes und es ergibt sich $\frac{a}{b'} = \frac{a'}{b}$, also $a \cdot b = a' \cdot b'$.

Man nennt jetzt $a \cdot b = a' \cdot b'$ den *Flächeninhalt* des Parallelogramms (A, B, C, D). Schreibweise: F((A, B, C, D)). Es ist klar, daß kongruente Parallelogramme gleichen Flächeninhalt haben (Eine Bewegung, die das eine Parallelogramm auf das andere abbildet, führt die obige Fig. 72 in die entsprechende Figur für das andere Parallelogramm über). Für Rechtecke ist natürlich $a = a'$, $b = b'$.

Lemma 6.13. Ein Parallelogramm (A, B, C, D) werde gemäß der folgenden Figur in zwei Teilparallelogramme zerlegt, wobei $g(A', D') \parallel g(A, D)$:

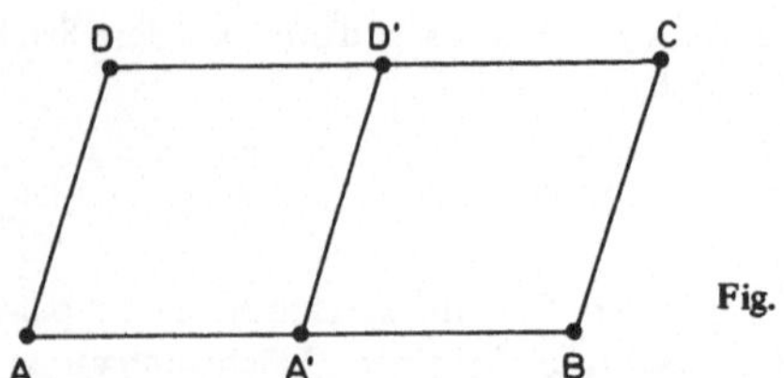

Fig. 73

Dann ist $F((A, B, C, D)) = F((A, A', D', D)) + F((A', B, C, D'))$.

Dies folgt sofort aus der Formel $l(\overline{AB}) = l(\overline{AA'}) + l(\overline{A'B})$ und der Definition des Flächeninhalts.

(A, B, C) sei jetzt ein rechtwinkliges Dreieck mit dem rechten Winkel bei C. D sei der Fußpunkt des Lotes von C auf $g(A, B)$ und $p := l(\overline{AD})$.

Satz 6.14. (Kathetensatz). Es gilt $b^2 = p \cdot c$.

Der *Beweis* ergibt sich in bekannter Weise unter Verwendung der folgenden Figur:

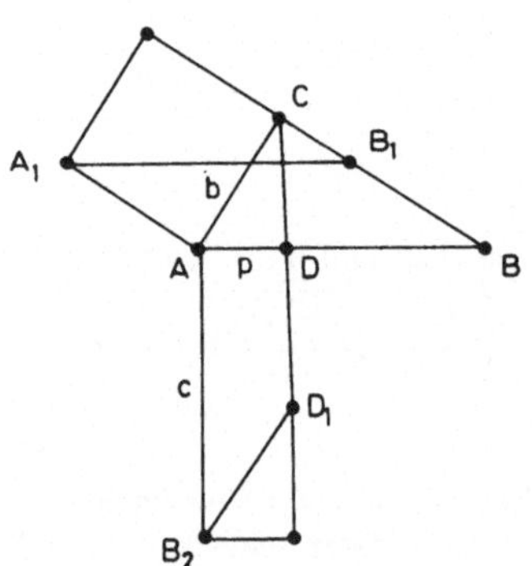

Die Parallelogramme (A_1, B_1, B, A) und (B_2, A, C, D_1) sind kongruent und haben daher den gleichen Flächeninhalt. Dieser ist nach 6.12 einmal b^2, zum andern $p \cdot c$.

Fig. 74

Korollar 6.15. (Satz des Pythagoras). Das Dreieck (A, B, C) ist genau dann rechtwinklig mit rechtem Winkel bei C, wenn für die Kantenlängen gilt:

$$c^2 = a^2 + b^2 .$$

Der Beweis der Formel für rechtwinklige Dreiecke ergibt sich durch zweimalige Anwendung des Kathetensatzes und des Lemmas 6.13. Gilt umgekehrt die Formel für ein Dreieck (A, B, C), so muß es rechtwinklig sein: Es gibt nämlich ein rechtwinkliges Dreieck (A', B', C') mit den Kantenlängen a, b, c: Man erhält es, indem man auf den Schenkeln eines rechten Winkels Strecken der Länge a bzw. b abträgt. Aus $(A, B, C) \equiv (A', B', C')$ folgt, daß auch (A, B, C) rechtwinklig ist.

Raffael: Pythagoras
Ausschnitt aus dem Fresko „Die Schule von Athen" (1509–1510)

Die in diesem Paragraphen angegebenen Sätze der klassischen griechischen Mathematik, für die wir Beweise — ausgehend von den Axiomen — angegeben haben,
setzen die Gültigkeit des Parallelenaxioms in wesentlicher Weise voraus: Man kann
zeigen, daß sie in der nichteuklidischen Geometrie nicht richtig sind. Die Auswahl
der angegebenen Sätze richtete sich danach, was im nächsten Paragraphen benötigt
wird. In der Tat könnte man ja das ganze Gebäude der euklidischen Geometrie auf
unseren bisherigen Axiomen errichten, wie im nächsten Paragraphen deutlich werden wird.

Vorschläge für weitere Studien

Einem geschlossenen doppelpunktfreien Polygon ordnet man einen „Flächeninhalt" zu, indem
man zunächst den Flächeninhalt eines Dreiecks definiert (vgl. Übungsaufgabe 6)) und dann den
Flächeninhalt des Polygons durch Zerlegung des Polygons in Dreiecke. Das Hauptproblem besteht dann darin, die Unabhängigkeit des Flächeninhalts von der gewählten Zerlegung in Dreiecke zu zeigen. Für die Einzelheiten des Beweises und die entsprechenden Tatsachen über den
Rauminhalt der Polyeder sei auf Hilbert [11] und Meschkowski [17] verwiesen.

Übungsaufgaben

Die folgenden Aussagen 1.–8. sollen bewiesen werden unter der Voraussetzung, daß (E, G) die zu Anfang von § 6 angegebenen Voraussetzungen erfüllt.

1. Jede Ähnlichkeit ist ein Automorphismus von Ebenen mit Strecken und Bewegungen (Definition 3.28).

2. Für $\lambda \in \mathrm{Aut}^s(E, G)$ gebe es ein $r \in \mathbb{R}$, $r > 0$ mit $l(\overline{\lambda(A)\,\lambda(B)}) = r\,l(\overline{AB})$ für alle A, B $\in E$. Dann ist λ eine Ähnlichkeit.

3. Sind $\overline{AB}$, $\overline{CD}$ und $\overline{EF}$ Strecken in E, dann gibt es eine Strecke $\overline{GH}$ mit

$$l(\overline{AB}) \cdot l(\overline{CD}) = l(\overline{EF}) \cdot l(\overline{GH}).$$

4. a) Sei P $\in E$ und sei $r \in \mathbb{R}$ eine Zahl, die sich als Quotient der Längen zweier Strecken aus E schreiben läßt. Dann gibt es eine Dehnung δ mit dem Zentrum P, für die gilt:

$$l(\overline{P\delta(Q)}) = r \cdot l(\overline{PQ}) \quad \text{für alle } Q \in E.$$

   b) Zwei Dreiecke mit Innenwinkeln α, β, γ bzw. α', β', γ' sind genau dann ähnlich, wenn bei geeigneter Numerierung gilt: $\alpha \equiv \alpha'$, $\beta \equiv \beta'$, $\gamma \equiv \gamma'$.

5. Ist δ eine Dehnung, so gilt $\delta(g) \parallel g$ für alle $g \in G$.

6. In jedem Dreieck ist das Produkt p aus der Kantenlänge und der Länge der zugehörigen Höhe unabhängig von der gewählten Kante (Man nennt $\frac{p}{2}$ den „Flächeninhalt" des Dreiecks).

7. Definiere in sinnvoller Weise den „Flächeninhalt" eines beliebigen Vierecks.

8. Formuliere und beweise

   a) Den „Höhensatz" für rechtwinklige Dreiecke.

   b) Den „Satz des Thales" für Winkel im Halbkreis.

9. In der Ebene (E, G) seien die Axiome A)–C), D1) und P_0) erfüllt. Zeige, daß dann auch P) erfüllt ist.

10. In der Ebene (E, G) seien die Axiome A)–C) und D1) erfüllt, aber P_0) sei verletzt. Zeige, daß es zu jeder Geraden g und zu jedem Punkt P $\notin$ g unendlich viele Parallele zu g durch P gibt.

René Descartes (1596–1650)

§ 7. Einführung von Koordinaten

Eine der bedeutendsten und folgenreichsten Ideen in der Geschichte der Geometrie war die von Descartes, geometrische Probleme durch Einführung von „Koordinaten" auf algebraische zurückzuführen. Für uns wird in diesem Paragraphen die Koordinateneinführung dazu dienen, bis auf Isomorphie alle Ebenen (E, G) zu bestimmen, die folgende Voraussetzungen erfüllen:

a) (E, G) ist eine Ebene mit Strecken und Bewegungen.

b) Das Archimedische Axiom D1) und das Parallelenaxiom P) sind in E erfüllt.

l sei eine Längenfunktion für die Strecken in E mit den Eigenschaften $L1$) und $L2$) aus § 5. Es wird weiter vorausgesetzt:

$L3$) Es gibt eine Strecke $\overline{AB}$ in E mit $l(\overline{AB}) = 1$,

was durch Multiplikation von l mit einer geeigneten reellen Zahl immer erreicht werden kann. Ein solches l wird zunächst festgehalten.

Ist nun g eine beliebige Gerade in E, so wählen wir einen Punkt $0 \in$ g und bezeichnen die beiden durch 0 und g bestimmten Strahlen mit s^+ und s^-. Es sei

$$K := \{l(\overline{OP}) \mid P \in s^+\} \cup \{0\} \cup \{-l(\overline{OQ}) \mid Q \in s^-\}.$$

Satz 7.1. K ist ein pythagoreischer Teilkörper von $\mathbb{R}$.

Beweis. Es ist zu zeigen, daß für a, b $\in$ K auch a + b, a − b, a · b, $\frac{a}{b}$ (falls b $\neq$ 0) und $\sqrt{a^2 + b^2}$ in K enthalten sind [1]). Für a + b und a − b ergibt sich dies aus $L2$) und der Möglichkeit des Abtragens von Strecken auf Strahlen. Ist a $>$ 0, b $>$ 0, so existiert in E auch eine Strecke der Länge a · b. Man konstruiert sie mit Hilfe des Strahlensatzes gemäß der folgenden Figur:

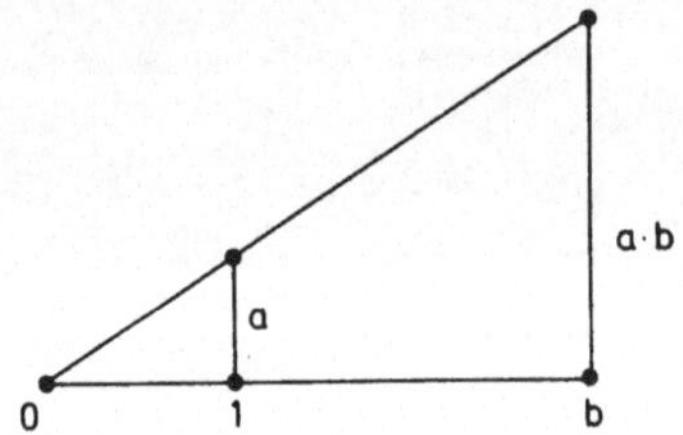

Fig. 75

Hier wird $L3$) benutzt.

Trägt man diese Strecke auf g von 0 aus ab, so erhält man, daß auch $\pm$ ab $\in$ K.

Analog zeigt man, daß für b $\in$ K, b $>$ 0 auch $\frac{1}{b}$ $\in$ K ist, indem man eine Strecke der Länge $\frac{1}{b}$ mit Hilfe der folgenden Figur konstruiert:

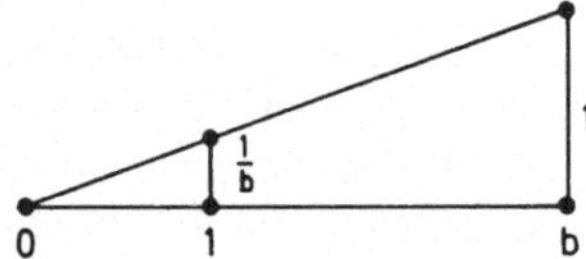

Fig. 76

Schließlich gibt es auf Grund des Satzes von Pythagoras zu a, b $\in$ K auch eine Strecke der Länge $\sqrt{a^2 + b^2}$ in E. Der Satz ist damit bewiesen.

Satz 7.2. Der Körper K hängt nur von der Ebene (E, G) ab und nicht von der zu seiner Konstruktion benutzten Geraden g, der Wahl von 0 $\in$ g und der Wahl der Funktion l mit den Eigenschaften $L1$)–$L3$).

Beweis. Halten wir zunächst l fest und betrachten wir neben g eine Gerade g', einen Punkt 0' und die beiden durch 0' und g' bestimmten Strahlen t$^+$ und t$^-$. Da durch eine Bewegung g so auf g' abgebildet werden kann, daß 0 in 0', s$^+$ in t$^+$ und s$^-$ in t$^-$ übergeht, ergibt sich sofort, daß man denselben Körper K erhält, wenn man von g' statt von g ausgeht.

---

[1]) Die letzte Bedingung definiert einen pythagoreischen Körper, vgl. 3.27.

Ist nun l' eine weitere Längenfunktion mit den Eigenschaften $L1)-L3)$ und ist $l'(\overline{AB}) = 1$, $l(\overline{AB}) = \lambda \in K$, so ist auch $\widetilde{l} := \lambda^{-1} l$ der Körper K zugeordnet und $\widetilde{l}(\overline{AB}) = l'(\overline{AB}) = 1$. Es genügt daher zu zeigen, daß $\widetilde{l} = l'$ ist.

Zunächst ist klar, daß $\widetilde{l}$ und l' übereinstimmen für alle Strecken, die aus $\overline{AB}$ durch fortgesetzte Halbierung gewonnen werden. Ist nun $C \in \overline{AB}$ ein beliebiger Punkt, dann gibt es für jedes $t \in \mathbb{N}$ Punkte $A_t \in \overline{AC}$, $B_t \in \overline{CB}$ mit $\widetilde{l}(\overline{AA_t}) = l'(\overline{AA_t})$, $\widetilde{l}(\overline{AB_t}) = l'(\overline{AB_t})$, $\widetilde{l}(\overline{A_tB_t}) = l'(\overline{A_tB_t}) = \dfrac{1}{2^t}$.

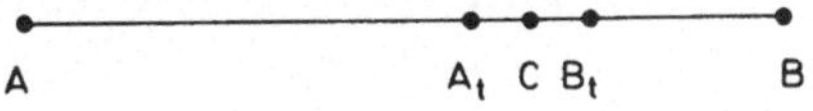

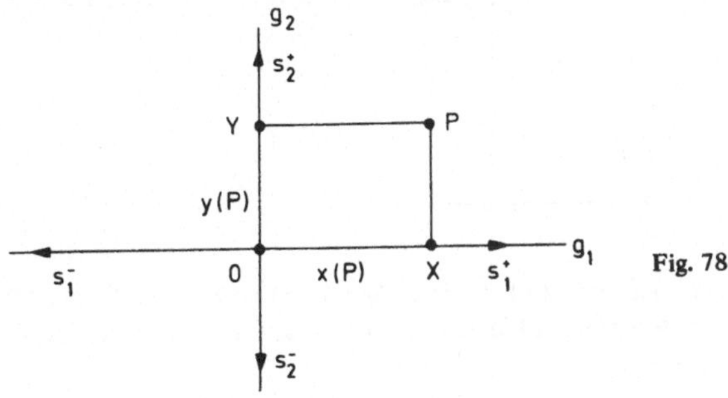

Fig. 77

Es ist dann $\widetilde{l}(\overline{AA_t}) \leq \widetilde{l}(\overline{AC}) \leq \widetilde{l}(\overline{AB_t})$, $l'(\overline{AA_t}) \leq l'(\overline{AC}) \leq l'(\overline{AB_t})$ und durch Übergang zum Limes für $t \to \infty$ folgt $\widetilde{l}(\overline{AC}) = l'(\overline{AC})$. Hieraus ergibt sich nun sofort, daß $\widetilde{l} = l'$ ist.

Definition 7.3. Wir nennen K den *Koordinatenkörper* von (E, G).

Bemerkung 7.4. Ist (E', G') eine weitere Ebene mit den eingangs angegebenen Eigenschaften a) und b) und ist (E', G') zu (E, G) isomorph als Ebene mit Strecken und Bewegungen (Def. 3.28), dann besitzt (E', G') den gleichen Koordinatenkörper wie (E, G).

Beweis. Ist $\varphi : (E, G) \to (E', G')$ ein Isomorphismus von Ebenen mit Strecken und Bewegungen, so definiert man für alle $A', B' \in E'$

$$l'(\overline{A'B'}) := l(\overline{\varphi^{-1}(A')\,\varphi^{-1}(B')}).$$

Es ergibt sich leicht, daß l' die Eigenschaften $L1)-L3)$ besitzt. Daher besitzt (E', G') den gleichen Koordinatenkörper wie (E, G).

Sei nun (E, G) wie zu Anfang dieses Paragraphen gegeben. Wir wählen zwei Geraden $g_1, g_2 \in G$ mit $g_1 \perp g_2$. Diese Geraden nennen wir *Koordinatenachsen*, ihr Schnittpunkt 0 heißt *Koordinatenursprung*. 0 bestimmt auf g_1 zwei Strahlen s_1^+ und s_1^- und auf g_2 zwei Strahlen s_2^+ und s_2^-.

Fig. 78

Ist nun $P \in E$ ein beliebiger Punkt, so sei X der Fußpunkt des Lotes von P auf g_1 und Y der Fußpunkt des Lotes von P auf g_2. Wir setzen

$$x = x(P) := \begin{cases} l(\overline{OX}), & \text{falls } X \in s_1^+ \\ 0, & \text{falls } X = 0 \\ -l(\overline{OX}), & \text{falls } X \in s_1^-, \end{cases}$$

entsprechend sei $y = y(P)$ definiert. Es ist $x, y \in K$. x und y heißen die *Koordinaten* von P bzgl. des *Koordinatensystems* (s_1^+, s_2^+). g_1 heißt die x-Achse, g_2 die y-Achse des Koordinatensystems.

Zunächst ergibt sich

Lemma 7.5. Die Abbildung $c : E \to K^2$ mit $c(P) = (x(P), y(P))$ für alle $P \in E$ ist bijektiv.

Beweis. Ist $(x, y) \in K^2$ gegeben, so bestimmt x eindeutig einen Punkt $X \in g_1$ und y eindeutig einen Punkt $Y \in g_2$. Ist P der Schnittpunkt der Lote in X auf g_1 und in Y auf g_2, so ist $c(P) = (x, y)$.

Sei nun $g \in G$ eine beliebige Gerade. Ist g parallel zur y-Achse, dann gibt es ein $a \in K$, so daß $c(g) = \{(a, y) \mid y \in K\}$. Mit andern Worten: $c(g)$ ist die Gerade von $/\!\!A^2(K)$ mit der Gleichung $X = a$.

Ist g nicht parallel zur y-Achse, dann schneiden sich g und g_2 in einem Punkt R mit den Koordinaten $(0, c)$. g' sei die Parallele zu g durch den Koordinatenursprung 0. $E_1 \in s_1^+$ sei der Punkt mit $l(\overline{OE_1}) = 1$, g'' das Lot in E_1 auf die x-Achse und S der Schnittpunkt von g'' mit g'. Sei $m := y(S)$. Wir wählen einen beliebigen Punkt $P \in g$ und bezeichnen mit X den Fußpunkt des Lots h von P auf die x-Achse. T sei der Schnittpunkt von h mit g'.

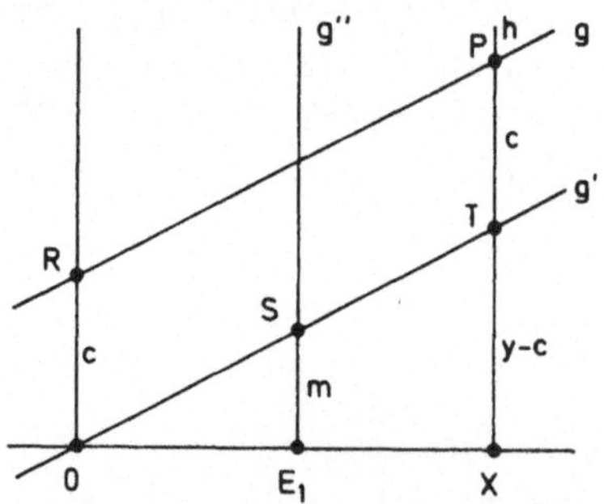

Fig. 79

Wenn $c(P) = (x, y)$ ist, dann ist $y(T) = y - c$. Aus dem Strahlensatz folgt dann die Beziehung $y = mx + c$. Mit andern Worten: $c(P)$ liegt auf der Geraden von $/\!\!A^2(K)$ mit der Gleichung $-mX + Y = c$.

Ist umgekehrt $P \in E$ ein beliebiger Punkt mit $x(P) \neq 0$, für den $c(P)$ auf dieser Geraden liegt, so ergibt sich durch nochmalige Anwendung des Strahlensatzes, daß $P \in g$ ist. Wir haben somit gezeigt:

Lemma 7.6. $c : E \to \mathbb{A}^2 (K)$ ist ein Isomorphismus von Ebenen (d. h. Geraden von E werden auf Geraden von $\mathbb{A}^2 (K)$ abgebildet).

Da K ein pythagoreischer Teilkörper von $\mathbb{R}$ ist, können wir $\mathbb{A}^2 (K)$ wie in Beispiel 2.13 und 3.27 zu einer Ebene mit Strecken und Bewegungen machen. Die Bewegungen $\beta : \mathbb{A}^2 (K) \to \mathbb{A}^2 (K)$ sind dann die Abbildungen mit

$$\beta(x, y) = (x, y) \cdot \begin{pmatrix} a_{11} & a_{12} \\ a_{21} & a_{22} \end{pmatrix} + (t_1, t_2),$$

wobei (a_{ik}) eine orthogonale Matrix mit Koeffizienten aus K ist und $(t_1, t_2) \in K^2$. Ferner sei für $P = (x_1, y_1)$, $Q = (x_2, y_2)$ die Längenfunktion l wie üblich durch

$$l(\overline{PQ}) = \sqrt{(x_1 - x_2)^2 + (y_1 - y_2)^2}$$

definiert (Beispiel 5.13).

Sind nun $A, B \in E$ Punkte mit $c(A) = (x_1, y_1)$, $c(B) = (x_2, y_2)$ und ist $d := l(\overline{AB})$, so ergibt sich aus dem Satz des Pythagoras, daß $d = \sqrt{(x_2 - x_1)^2 + (y_2 - y_1)^2}$ ist, also $l(\overline{AB}) = l(c(A)\, c(B))$.

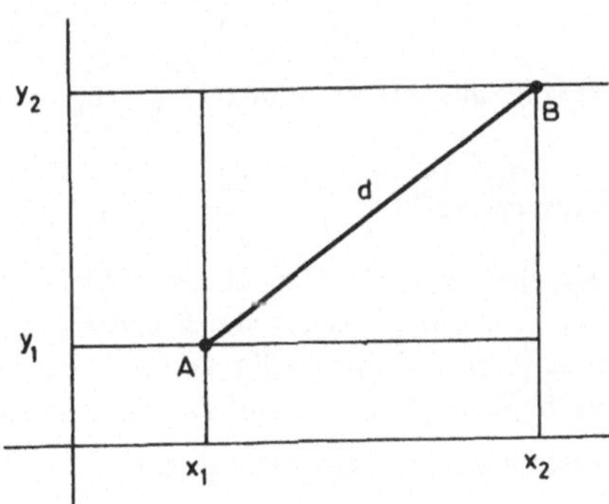

Fig. 80

Lemma 7.7. Der Isomorphismus $c : (E, G) \to \mathbb{A}^2 (K)$ ist strecken- und längenerhaltend.

Beweis. Seien $A, B \in E$, $A \neq B$ gegeben. Ein Punkt $C \in g(A, B)$ gehört genau dann zu $\overline{AB}$, wenn $l(\overline{AC}) \leq l(\overline{AB})$ und $l(\overline{CB}) \leq l(\overline{AB})$ ist. Dies folgt sofort aus Bedingung $L2)$ für die Länge. Aus $l(\overline{AB}) = l(c(A)\, c(B))$ ergibt sich daher, daß $c(\overline{AB}) = c(A)\, c(B)$ ist. c ist somit strecken- und längenerhaltend.

Es ergibt sich, daß c auch orthogonalitätserhaltend ist:

Sind g, g' $\in G$ mit g $\perp$ g' gegeben, so ist auch c(g) $\perp$ c(g'). Man sieht dies, indem man A $\in$ g, A' $\in$ g' wählt, die vom Schnittpunkt P von g und g' verschieden sind. (P, A, $\underline{A'}$) ist dann ein rechtwinkliges Dreieck und es gilt c² = a² + b² mit a := $l(\overline{PA})$, b := $l(\overline{PA'})$ und c := $l(\overline{AA'})$. Aus 7.7 und 6.15 folgt, daß auch (c(P), c(A), c(A')) ein rechtwinkliges Dreieck in A^2 (K) ist. Somit ist c(g) $\perp$ c(g').

Ist σ_g eine Spiegelung in E, so läßt die Abbildung c $\circ$ σ_g $\circ$ c⁻¹ von A^2 (K) die Gerade c(g) punktweise fest und bildet jede zu c(g) orthogonale Gerade von A^2 (K) auf sich ab. Da c $\circ$ σ_g $\circ$ c⁻¹ nach 7.7 auch längenerhaltend ist und da nur die Punkte von c(g) Fixpunkte dieser Abbildung sind, muß notwendigerweise c $\circ$ σ_g $\circ$ c⁻¹ = $\sigma_{c(g)}$ sein. c führt somit Spiegelungen aus E in Spiegelungen von A^2 (K) über.

Da auch c⁻¹ : A^2 (K) $\to$ (E, G) strecken-, längen- und orthogonalitätserhaltend ist, ergibt sich völlig analog, daß auch c⁻¹ Spiegelungen in Spiegelungen transformiert.

Lemma 7.8. B sei die Bewegungsgruppe von (E, G), B' die von A^2 (K). Für jedes $\beta \in B$ ist dann c $\circ$ β $\circ$ c⁻¹ $\in B'$ und die Abbildung

$$\gamma : B \to B'$$
$$\beta \mapsto c \circ \beta \circ c^{-1}$$

ist ein Gruppenisomorphismus.

Beweis. $\beta \in B$ läßt sich als Produkt von Spiegelungen schreiben: $\beta = \sigma_{g_1} \circ \ldots \circ \sigma_{g_n}$. Es ist dann

$$c \circ \beta \circ c^{-1} = (c \circ \sigma_{g_1} \circ c^{-1}) \circ (c \circ \sigma_{g_2} \circ c^{-1}) \circ \ldots \circ (c \circ \sigma_{g_n} \circ c^{-1})$$

Produkt von Spiegelungen in A^2 (K), also c $\circ$ β $\circ$ c⁻¹ $\in B'$. Daher ist klar, daß γ Gruppenhomomorphismus ist. Vertauscht man die Rollen von B und B', so erhält man einen Gruppenhomomorphismus $\gamma' : B' \to B$ mit $\gamma'(\beta') = c^{-1} \circ \beta' \circ c$ für alle $\beta' \in B'$. Da $\gamma' \circ \gamma$ und $\gamma \circ \gamma'$ jeweils die Identität sind, ergibt sich die Behauptung.

Wir können jetzt die Ergebnisse dieses Paragraphen zusammenfassen:

Satz 7.9. (E, G) sei eine Ebene mit Strecken und Bewegungen, in der das Archimedische Axiom und das Parallelenaxiom erfüllt sind.

a) Es gibt dann einen pythagoreischen Teilkörper K von $\mathbb{R}$ und einen Isomorphismus von Ebenen mit Strecken und Bewegungen.

$$c : (E, G) \to A^2 (K),$$

wobei A^2 (K) wie in 3.27 als Ebene mit Strecken und Bewegungen aufzufassen ist.

b) Für zwei pythagoreische Teilkörper K, K' von $\mathbb{R}$ sind $\mathbb{A}^2(K)$ und $\mathbb{A}^2(K')$ genau dann isomorph (als Ebenen mit Strecken und Bewegungen), wenn K = K' ist.

c) Gilt in E auch noch das Vollständigkeitsaxiom, dann ist E isomorph zu $\mathbb{A}^2(\mathbb{R})$.

Beweis. Aussage a) ist eine Zusammenfassung von 7.5, 7.6, 7.7 und 7.8.

b) folgt aus 7.4, weil K bzw. K' die Koordinatenkörper von $\mathbb{A}^2(K)$ bzw. $\mathbb{A}^2(K')$ sind.

c) Wenn das Vollständigkeitsaxiom erfüllt ist, dann ist $\mathbb{R}$ nach 5.14 der Koordinatenkörper von (E, G) und folglich (E, G) isomorph zu $\mathbb{A}^2(\mathbb{R})$.

Insbesondere hat sich ergeben, daß es – bis auf Isomorphie – nur eine Ebene gibt, in der die Axiome A)–D) und P) erfüllt sind, da jede solche Ebene isomorph zu $\mathbb{A}^2(\mathbb{R})$ ist.

Man nennt eine Ebene, die den Axiomen A)–D) und P) genügt, eine *euklidische Ebene*, die Gesamtheit der aus diesen Axiomen herleitbaren Sätze die *euklidische Geometrie*.

Hilbert [11] hat als Erster ein Axiomensystem angegeben, mit dessen Hilfe man präzise sagen konnte, was *die* euklidische Geometrie ist.

Vorschläge für weitere Studien

Allgemeiner als im obigen Text kann man versuchen, in einer beliebigen affinen Ebene (E, G) (vgl. § 1, Aufgabe 2)) Koordinaten einzuführen. Man kann zeigen, daß dies genau dann möglich ist, wenn in (E, G) der *Satz von Desargues* gültig ist. Es gibt dann einen Schiefkörper K, so daß (E, G) zu $\mathbb{A}^2(K)$ isomorph ist, und umgekehrt gilt in $\mathbb{A}^2(K)$ stets der Satz von Desargues. (Dabei ist $\mathbb{A}^2(K)$ für einen Schiefkörper K ganz ähnlich definiert wie für einen kommutativen Körper). Der Koordinatenkörper K ist genau dann kommutativ, wenn in (E, G) auch noch der *Satz von Pappus* richtig ist. Genau dann ist $1 + 1 \neq 0$ in K, wenn in (E, G) der *Satz von Fano* gilt. Genauere Formulierungen und Beweise für diese schönen Resultate kann der Leser z. B. bei Artin [1], Hartshorne [10] oder Lingenberg [16] finden.

Satz 7.9 legt die Frage nahe, welche pythagoreischen Teilkörper $\mathbb{R}$ besitzt. Diese Frage führt in die Anfangsgründe der Körpertheorie (vgl. die Übungsaufgaben 4. und 5.).

In der Geschichte der Geometrie hat das Problem der *Konstruktion mit Zirkel und Lineal* eine wichtige Rolle gespielt. Konstruktionsaufgaben sind auch als Prüfsteine für mathematische Begabung in der Schulgeometrie bedeutsam.

Nachdem man durch Descartes gelernt hatte, geometrische Probleme in algebraische umzusetzen, ist es auch gelungen, einige klassische, von den Griechen stammende und 2000 Jahre lang ungelöste Konstruktionsprobleme zu klären: Das Problem der Quadratur des Kreises, der Winkeldreiteilung, der Würfelverdopplung und die Frage, welche regulären n-Ecke mit Zirkel und Lineal konstruierbar sind. Auch kann man angeben, welche Dreieckskonstruktionen mit Zirkel und Lineal durchführbar sind. Die Behandlung dieser Fragen erfordert etwas mehr Hilfsmittel aus der Algebra, als wir sie hier benutzen wollen; sie findet zweckmäßigerweise in einer Einführungsvorlesung über Algebra statt. Wir verweisen den interessierten Leser auf die Lehrbücher der Algebra.

Übungsaufgaben

1. (E, G) sei eine Ebene, welche die zu Anfang von § 7 angegebenen Voraussetzungen erfüllt, K sei ihr Koordinatenkörper. Für A, B $\in E$ nennen wir das
   Paar (A, B) den *Vektor* von A nach B und schreiben $(A, B) = \overrightarrow{AB}$. A heißt
   auch der *Anfangspunkt* und B der *Endpunkt* des Vektors $\overrightarrow{AB}$. Man definiere
   in gewohnter Weise die *Vektoraddition* $\overrightarrow{AB} + \overrightarrow{AC}$ und die *Skalarmultiplikation*
   $a \cdot \overrightarrow{AB}$ für alle a $\in$ K. Man zeige, daß die Menge der Vektoren mit dem Anfangspunkt A ein K-Vektorraum der Dimension 2 ist.

2. K sei ein pythagoreischer Teilkörper von IR. Zeige, daß $\sqrt{q} \in$ K ist für alle
   q $\in$ ℚ, q > 0.

3. Ein Teilkörper K $\subset$ IR heißt *euklidisch*, wenn für alle a $\in$ K mit a > 0 auch
   $\sqrt{a} \in$ K ist (Er ist dann insbesondere pythagoreisch). K sei ein euklidischer
   Teilkörper von IR und M $\subset$ K^2 eine beliebige Punktmenge. Man zeige, daß man
   ausgehend von M — durch Konstruktion mit Zirkel und Lineal nur immer wieder Punkte aus K^2 erhält. Genauer soll folgendes gezeigt werden: G(M) sei die
   Menge aller Geraden aus $\mathbb{A}^2$ (IR), die zwei verschiedene Punkte von M enthalten und K(M) die Menge aller Kreise in $\mathbb{A}^2$ (IR), deren Mittelpunkt zu M
   gehört und deren Radius gleich dem Abstand zweier Punkte aus M ist. Die
   Schnittpunkte a) zweier Geraden aus G(M), b) einer Geraden aus G(M) mit
   einem Kreis aus K(M), c) zweier Kreise aus K(M) liegen wieder in K^2.

4. Ist K ein beliebiger Teilkörper von IR, so ist die *pythagoreische (euklidische)
   Hülle* $\overline{K}$ von K definiert als der Durchschnitt aller K umfassenden pythagoreischen (euklidischen) Teilkörper von IR. Zeige:

   a) Die pythagoreische (euklidische) Hülle von K ist ein pythagoreischer
      (euklidischer) Teilkörper von IR.

   b) Genau dann ist K pythagoreisch (euklidisch), wenn K = $\overline{K}$ ist.

In der folgenden Aufgabe soll die pythagoreische (euklidische) Hülle eines Körpers
noch auf andere Weise beschrieben werden:

5. Ist K ein Teilkörper und M eine Teilmenge von IR, so bezeichnet man mit K(M)
   den Durchschnitt aller K $\cup$ M umfassenden Teilkörper von IR. Für einen
   gegebenen Teilkörper K von IR sei M die Menge aller reellen Zahlen der Form
   $\sqrt{a^2 + b^2}$ mit a, b $\in$ K (bzw. die Menge aller $\sqrt{a}$ mit a > 0 aus K) und K$'$:= K(M).
   Wir setzen ferner K$^{(o)}$:= K und, wenn K$^{(i)}$ für i ≥ 0 schon definiert ist,
   K$^{(i+1)}$:= (K$^{(i)}$)$'$. Zeige, daß $\bigcup\limits_{i=o}^{\infty}$ K$^{(i)}$ die pythagoreische (bzw. euklidische) Hülle
   von K ist.

§ 8. Die Poincarésche Halbebene als Modell der nichteuklidischen Geometrie

In den folgenden drei Paragraphen wollen wir ein Beispiel für eine Ebene konstruieren, in dem die Axiome A)–D) erfüllt sind, nicht aber das Parallelenaxiom. Nach Poincaré werden wir aus der oberen Halbebene der komplexen (Gaußschen) Zahlenebene ein solches Modell gewinnen. Im folgenden wird eine gewisse Vertrautheit im Rechnen mit komplexen Zahlen vorausgesetzt.

Für $z \in \mathbb{C}$, $z = x + iy$ ($x, y \in \mathbb{R}$) sei $\mathrm{Re}(z) := x$ der Realteil; $\mathrm{Im}(z) := y$ der Imaginärteil von z. Wir denken uns die Elemente $z \in \mathbb{C}$ identifiziert mit den Punkten $(x, y) \in \mathbb{R}^2$ (Gaußsche Zahlenebene). Für $z_1, z_2 \in \mathbb{C}$ ist dann der Absolutbetrag $|z_1 - z_2|$ gleich dem Abstand der Punkte z_1, z_2 aus $\mathbb{R}^2$: Ist $z_k = x_k + i y_k$ ($k = 1, 2$), so ist $|z_1 - z_2| = \sqrt{(x_1 - x_2)^2 + (y_1 - y_2)^2}$. Für $z = x + iy$ bezeichnet $\bar{z}$ die konjugiert komplexe Zahl: $\bar{z} = x - iy$. Es ist $|z| = \sqrt{z \cdot \bar{z}}$.

Die Menge $E := \{z \in \mathbb{C} \mid \mathrm{Im}(z) > 0\}$ heißt *die obere* (oder Poincarésche) *Halbebene* in $\mathbb{C}$. Wir werden sie auch die *nichteuklidische Ebene* nennen. Die Menge G der *nichteuklidischen Geraden* in E wird folgendermaßen definiert: Eine Teilmenge $g \subset E$ heißt nichteuklidische Gerade, wenn entweder gilt:

α) Es gibt ein $a \in \mathbb{R}$, so daß $g = \{z \in E \mid \mathrm{Re}(z) = a\}$

oder

β) Es gibt Zahlen $a, r \in \mathbb{R}$, $r > 0$, so daß

$$g = \{z \in E \mid |z - a| = r\}.$$

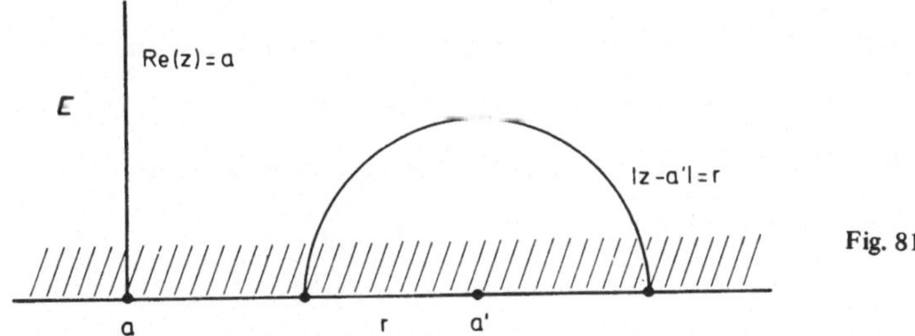

Fig. 81

Geraden vom Typ α) sind euklidische Strahlen in E, die von der reellen Achse ausgehen und parallel zur imaginären Achse sind. Geraden vom Typ β) sind Halbkreise in E, deren Mittelpunkte auf der reellen Achse liegen.

Im Fall α) heißt $\mathrm{Re}(z) = a$, im Fall β) heißt $|z - a| = r$ *die Gleichung der nichteuklidischen Geraden.*

Satz 8.1. Das Paar (E, G) genügt den Inzidenzaxiomen.

Beweis. Es ist unmittelbar klar, daß die Axiome A3) und A4) erfüllt sind und daß durch jeden Punkt $z \in E$ mindestens eine nichteuklidische Gerade geht. Es bleibt also zu zeigen: Zu $z_1, z_2 \in E$, $z_1 \neq z_2$ gibt es genau eine nichteuklidische Gerade g mit $z_1, z_2 \in g$.

Ist $\mathrm{Re}(z_1) = \mathrm{Re}(z_2) =: a$, dann ist dies die Gerade mit der Gleichung $\mathrm{Re}(z) = a$. Auf einer weiteren Geraden können z_1, z_2 nicht liegen auf Grund der folgenden

Bemerkung 8.2. Durch die Bedingungen $|z - a| = r$, $z = x + iy \in E$, $x, y \in \mathbb{R}$, wird y zu einer (eindeutigen) Funktion von x, nämlich $y = |\sqrt{r^2 - (x-a)^2}|$.

Sei jetzt $\mathrm{Re}(z_1) \neq \mathrm{Re}(z_2)$. Für $a \in \mathbb{R}$ ist die Bedingung $|z_1 - a| = |z_2 - a|$ äquivalent mit der Gleichung

$$z_1 \overline{z_1} - a(z_1 + \overline{z_1}) + a^2 = z_2 \overline{z_2} - a(z_2 + \overline{z_2}) + a^2,$$

also mit

$$a = \frac{z_1 \overline{z_1} - z_2 \overline{z_2}}{2(\mathrm{Re}(z_1) - \mathrm{Re}(z_2))}.$$

Durch die rechte Seite dieser Gleichung wird eine reelle Zahl a definiert. Es ergibt sich, daß durch z_1, z_2 genau eine nichteuklidische Gerade geht, nämlich die mit der Gleichung $|z - a| = r$, wobei a durch die obige Formel gegeben wird und $r := |z_1 - a|$.

Wir definieren als nächstes *nichteuklidische Strecken*. Seien $z_1, z_2 \in E$ gegeben. Für $z_1 = z_2$ soll die nichteuklidische Strecke $s(z_1, z_2)$ nur aus z_1 bestehen. Sei also jetzt $z_1 \neq z_2$ und $g := g(z_1, z_2)$.

α) Ist $\mathrm{Re}(z_1) = \mathrm{Re}(z_2)$ und etwa $\mathrm{Im}(z_1) < \mathrm{Im}(z_2)$, dann setzen wir

$$s(z_1, z_2) := \{z \in g \mid \mathrm{Im}(z_1) \leq \mathrm{Im}(z) \leq \mathrm{Im}(z_2)\}.$$

β) Ist $\mathrm{Re}(z_1) \neq \mathrm{Re}(z_2)$ und etwa $\mathrm{Re}(z_1) < \mathrm{Re}(z_2)$, dann setzen wir

$$s(z_1, z_2) := \{z \in g \mid \mathrm{Re}(z_1) \leq \mathrm{Re}(z) \leq \mathrm{Re}(z_2)\}.$$

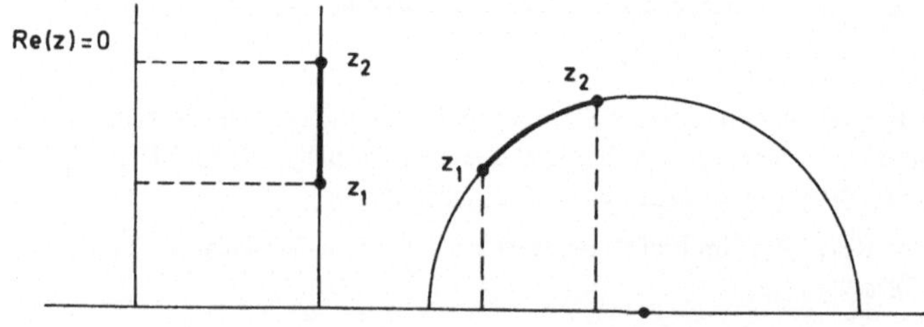

Fig. 82

Im Fall α) sind nichteuklidische Strecken gerade die Punktmengen von g, die sich auf abgeschlossene Intervalle der imaginären Achse projizieren, im Fall β) solche, die sich auf abgeschlossene Intervalle der reellen Achse projizieren.

Satz 8.3. Die nichteuklidischen Strecken genügen den Streckenaxiomen.

Beweis. Die Axiome B1)–B5) sind trivialerweise erfüllt, so daß nur noch der Nachweis für das Axiom von Pasch geführt werden muß. Wir benutzen dabei

Lemma 8.4. Sei g eine nichteuklidische Gerade. Die Punktmengen H_1, H_2 seien folgendermaßen definiert:

α) Besitzt g die Gleichung $Re(z) = a$, so sei

$$H_1 := \{z \in E \mid Re(z) > a\}, \quad H_2 := \{z \in E \mid Re(z) < a\}.$$

β) Besitzt g die Gleichung $|z - a| = r$, so sei

$$H_1 := \{z \in E \mid |z-a| > r\}, \quad H_2 := \{z \in E \mid |z-a| < r\}.$$

Dann gilt:

a) Ist $z_i \in H_i$ ($i = 1, 2$), dann ist $s(z_1, z_2) \cap g \neq \phi$.

b) Ist $z_1, z_2 \in H_1$ oder $z_1, z_2 \in H_2$, dann ist $s(z_1, z_2) \cap g = \phi$.

Beweis. Im Fall α) folgen die Behauptungen unmittelbar aus der Definition der nichteuklidischen Strecken. Im Fall β) betrachten wir für $z = x + iy$ die Funktion

$$|z-a| - r = |\sqrt{(x-a)^2 + y^2}| - r =: f(x, y).$$

Ist $Re(z_1) = Re(z_2) =: c$, also $z_1 = c + iy_1$, $z_2 = c + iy_2$, so ist für Punkte $z = c + iy \in s(z_1, z_2)$ der Funktionswert gegeben durch

$$f(c, y) = |\sqrt{(c-a)^2 + y^2}| - r.$$

Dies ist eine stetige monotone Funktion von y. Aus $f(c, y_1) > 0$, $f(c, y_2) < 0$ folgt nach dem Zwischenwertsatz, daß es ein $z \in s(z_1, z_2)$ gibt mit $|z - a| - r = 0$, also $z \in s(z_1, z_2) \cap g$. Haben dagegen $f(c, y_1)$ und $f(c, y_2)$ das gleiche Vorzeichen, dann hat auch $f(c, y)$ dieses Vorzeichen für alle y aus dem durch y_1 und y_2 bestimmten Intervall. Hieraus folgt b).

Sei jetzt $Re(z_1) \neq Re(z_2)$ und $g(z_1, z_2)$ besitze die Gleichung $|z - a'| = \rho$. Für Punkte $z = x + iy \in g(z_1, z_2)$ ist dann

$$|z-a| - r = f(x, y) = |\sqrt{(x-a)^2 + \rho^2 - (x-a')^2}| - r$$

$$= |\sqrt{\rho^2 - 2(a-a')x + a^2 - a'^2}| - r$$

eine monotone stetige Funktion von x. Man kann daher analog wie oben schließen.

Zum Nachweis, daß das Axiom von Pasch erfüllt ist, seien jetzt drei Punkte z_1, z_2, $z_3 \in E$ gegeben, die nicht auf einer Geraden liegen. g sei eine Gerade, die keinen der Punkte z_i (i = 1, 2, 3) enthält, und es sei s $(z_1, z_2) \cap g \neq \phi$. Sind H_1, H_2 wie in 8.4 definiert, so liegen entweder zwei der Punkte in H_1 und einer in H_2 oder einer liegt in H_1 und zwei in H_2. Nach dem Lemma 8.4 schneidet g folglich die Strecke $s(z_1, z_3)$ oder $s(z_2, z_3)$. Satz 8.3 ist damit bewiesen.

Nach § 2 ist jetzt definiert, was nichteuklidische Dreiecke, Polygone, Strahlen, Winkel, Halbebenen und Flaggen sind. Die aus den Inzidenz- und Streckenaxiomen herleitbaren Tatsachen gelten natürlich auch in der nichteuklidischen Ebene. Insbesondere folgt aus 8.4:

Korollar 8.5. Sind H_1 und H_2 wie in Lemma 8.4 definiert, dann sind H_1 und H_2 die beiden durch g bestimmten nichteuklidischen Halbebenen.

Bemerkung 8.6. In (E, G) ist das Vollständigkeitsaxiom D2) erfüllt.

Dies folgt aus dem Intervallschachtelungsprinzip in $\mathbb{R}$: Ist eine Folge $\{s_n\}_{n \in \mathbb{N}}$ von nichteuklidischen Strecken s_n gemäß den Bedingungen von D2) gegeben, so projiziere man die Strecke auf die imaginäre oder reelle Achse, je nachdem s_0 in einer Geraden vom Typ α) oder β) liegt.

Bemerkung 8.7. Das Parallelenaxiom P) ist in (E, G) nicht erfüllt. Sei etwa g die Gerade mit der Gleichung $\mathrm{Re}(z) = 0$ und $z_1 = 1 + i$. Durch $\mathrm{Re}(z) = 1$ und $|z - 2| = \sqrt{2}$ werden zwei nichteuklidische Geraden definiert, die z_1 enthalten, aber g nicht treffen.

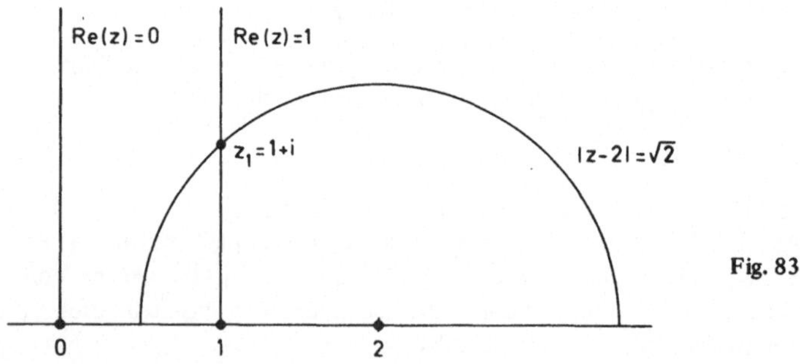

Die nichteuklidischen Strahlen, die von einem Punkt $z_0 \in E$ ausgehen, lassen sich folgendermaßen beschreiben:

a) Auf der Geraden mit der Gleichung $\mathrm{Re}(z) = \mathrm{Re}(z_0)$ liegen die beiden Strahlen

und
$$s_0 := \{\mathrm{Re}(z_0) + iy \mid 0 < y < \mathrm{Im}(z_0)\}$$
$$s_1 := \{\mathrm{Re}(z_0) + iy \mid y > \mathrm{Im}(z_0)\}.$$

Wir ordnen s_0 das Symbol $(z_0, \mathrm{Re}(z_0))$ zu und s_1 das Symbol (z_0, ∞).

b) Liegt z_0 auf einer Geraden g mit der Gleichung $|z - a| = r$, so bestimmen z_0 und g die beiden Strahlen

$$\text{und}\quad \begin{aligned} s_2 &:= \{z \in g \mid a - r < \mathrm{Re}(z) < \mathrm{Re}(z_0)\} \\ s_3 &:= \{z \in g \mid \mathrm{Re}(z_0) < \mathrm{Re}(z) < a + r\}. \end{aligned}$$

Hier ordnen wir s_2 das Symbol $(z_0, a - r)$ und s_3 das Symbol $(z_0, r + a)$ zu.

In jedem Fall gibt das Symbol (z_0, s) den Ausgangspunkt z_0 des Strahls an und, wenn $s \neq \infty$, den Punkt der reellen Achse, dem sich der Strahl beliebig nähert.

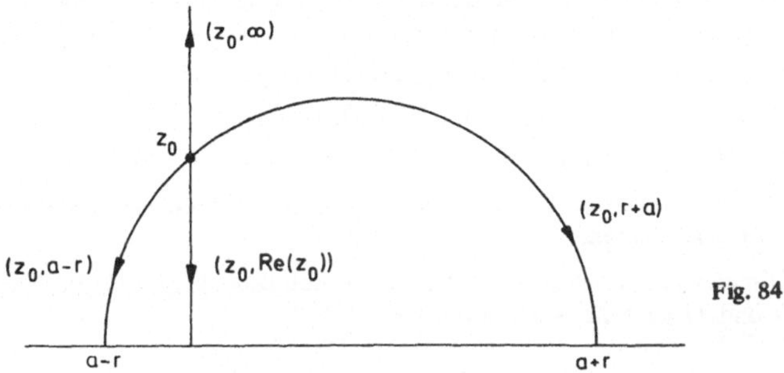

Fig. 84

Die nichteuklidischen Strahlen entsprechen auf diese Weise eineindeutig den Paaren (z_0, x), wobei $z_0 \in E$ und $x \in \mathrm{IR} \cup \{\infty\}$, denn es gilt

Lemma 8.8. Zu jedem Paar (z_0, x) mit $z_0 \in E$, $x \in \mathrm{IR}$ gibt es einen und nur einen nichteuklidischen Strahl mit dem Symbol (z_0, x).

Beweis. Ist $x = \mathrm{Re}(z_0)$, dann handelt es sich um den obigen Strahl s_0. Ist $x \neq \mathrm{Re}(z_0)$, so gibt es genau eine nichteuklidische Gerade g mit der Gleichung $|z - a| = r$, für die $z_0 \in g$ und $|x - a| = r$: Aus der Bedingung $|z_0 - a| = |x - a|$ errechnet sich, daß

$$a = \frac{x^2 - |z_0|^2}{2(x - \mathrm{Re}(z_0))}$$

und $r = |z_0 - a|$ sein muß. Wählt man umgekehrt a und r auf diese Weise, dann erhält man auch eine Gerade g mit den gewünschten Eigenschaften. Das Symbol (z_0, x) gehört dann zu dem obigen Strahl s_2, wenn $x < \mathrm{Re}(z_0)$ und zu s_3, wenn $x > \mathrm{Re}(z_0)$.

Wenn wir im folgenden vom Strahl (z_0, x) sprechen, so meinen wir den Strahl s mit dem Symbol (z_0, x).

Übungsaufgaben

1. g sei eine nichteuklidische Gerade mit der Gleichung $\mathrm{Re}(z) = a$ und es sei $z_1 \notin g$. Bestimme die Gleichungen aller nichteuklidischen Geraden g' durch z_1 mit $g' \parallel g$.

2. Löse die gleiche Aufgabe wie in 1, wenn g die Gleichung $|z - a| = r$ besitzt.

3. Gegeben sei das nichteuklidische Viereck $\left(i, 2i, \dfrac{1}{\sqrt{2}}(1 + i), \dfrac{5}{4}\sqrt{2} + \dfrac{1}{4}\sqrt{14} \cdot i \right)$.

   Bestimme die Gleichungen der Seiten des Vierecks und die (euklidischen) Winkel, unter denen sich die Seiten schneiden (d.h. die Winkel der Tangenten in den Schnittpunkten).

4. Zeige: Für drei nichteuklidische Geraden mit den Gleichungen $|z - a_k| = r_k$ $(k = 1, 2, 3)$ sind folgende Aussagen äquivalent:

   a) Die Geraden haben einen Punkt gemeinsam.

   b) Es ist $(a_j - a_k)^2 < (r_j + r_k)^2$ für $j, k = 1, 2, 3$ und
   $$(a_3 - a_2)(r_1^2 - a_1^2) + (a_1 - a_3)(r_2^2 - a_2^2) + (a_2 - a_1)(r_3^2 - a_3^2) = 0.$$

5. Man stelle fest, ob sich die beiden nichteuklidischen Strecken $s(i, 2 + 2i)$ und $s(1 + 3i, 3 + i)$ schneiden.

6. Man zeichne den nichteuklidischen Winkel, dessen Schenkel durch die Symbole $(1 + i, 2)$ und $(1 + i, -1)$ gegeben werden.

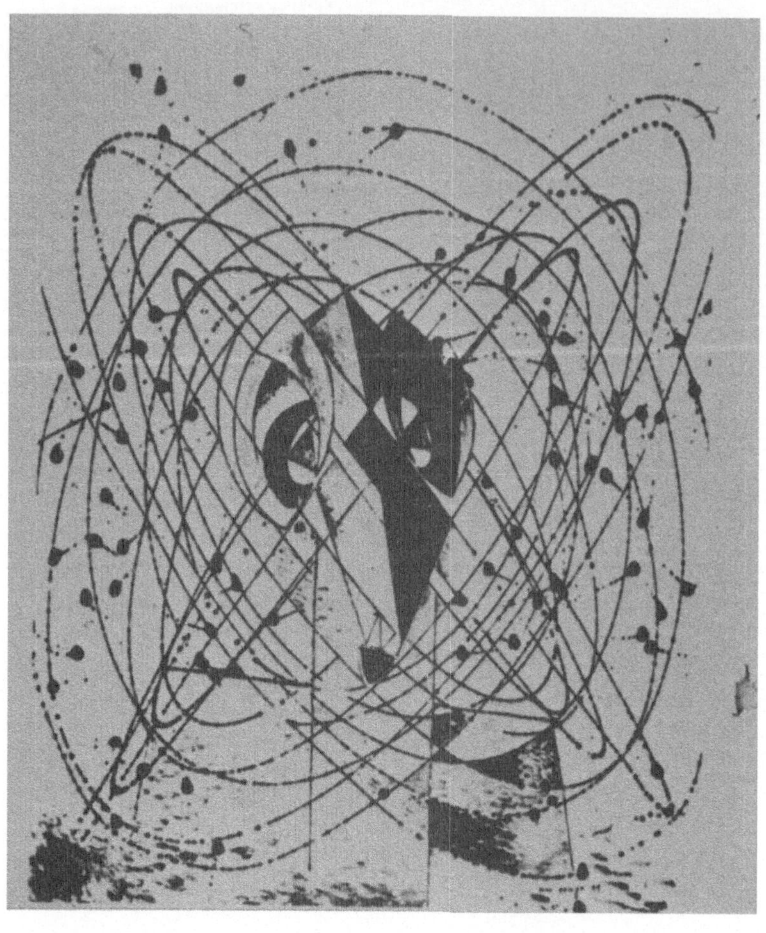

M. Ernst: Junger Mann gereizt durch den Flug einer nichteuklidischen
Fliege (1947)

§ 9. Nichteuklidische Bewegungen

Wir betrachten gebrochene lineare Transformationen

$$\text{I)}\quad \frac{az + b}{cz + d} \quad (a, b, c, d \in \mathbb{R},\ ad - bc > 0)$$

und

$$\text{II)}\quad \frac{a\bar{z} + b}{c\bar{z} + d} \quad (a, b, c, d \in \mathbb{R},\ ad - bc < 0)$$

der komplexen Variablen z. Die Theorie dieser Funktionen für beliebige $a, b, c, d \in \mathbb{C}$, $ad - bc \neq 0$ wird gewöhnlich in den Anfangsgründen der Funktionentheorie behandelt. Wir werden im folgenden keinen Gebrauch von dieser Theorie machen, sondern alle Tatsachen über Funktionen vom Typ I) und II) herleiten, die wir für den Aufbau des Poincaréschen Modells der nichteuklidischen Geometrie benötigen.

Lemma 9.1. Sei β eine der Funktionen vom Typ I) oder II). Ist $\text{Im}(z) > 0$, so ist auch $\text{Im}(\beta(z)) > 0$.

Beweis. Im Fall I) ist

$$\text{Im}(\beta(z)) = \text{Im}\left(\frac{(az + b) \cdot (c\bar{z} + d)}{|cz + d|^2}\right) = \frac{ad - bc}{|cz + d|^2}\,\text{Im}(z) > 0$$

und im Fall II) ergibt sich

$$\text{Im}(\beta(z)) = \text{Im}\left(\frac{(a\bar{z} + b) \cdot (cz + d)}{|c\bar{z} + d|^2}\right) = \frac{ad - bc}{|c\bar{z} + d|^2}\,\text{Im}(\bar{z}) > 0.$$

Satz 9.2. Die Funktionen vom Typ I) und II) definieren bijektive und stetige Abbildungen der Poincaréschen Halbebene auf sich.

Beweis. In 9.1 wurde gezeigt, daß die Poincarésche Halbebene E in sich abgebildet wird. Da die Funktionen rational sind und der Nenner in E nicht verschwindet, sind sie insbesondere stetig. Sei $w \in E$ gegeben. Damit für ein $z \in \mathbb{C}$ gilt:

$$w = \frac{az + b}{cz + d}$$

ist notwendig und hinreichend, daß $z = \frac{dw - b}{-cw + a}$. Die Funktion $\frac{dw - b}{-cw + a}$ ist wieder vom Typ I) und somit ist $\text{Im}(z) > 0$ nach 9.1, weil $\text{Im}(w) > 0$. Dies zeigt, daß Funktionen vom Typ I) bijektive Abbildungen $E \to E$ liefern. Entsprechend zeigt man dies auch für Funktionen vom Typ II).

Definition 9.3. Die Abbildungen $\beta : E \to E$, die durch Funktionen vom Typ I) oder II) gegeben werden, nennen wir *nichteuklidische Bewegungen*.

Bemerkung 9.4. Ist β von der Form $\beta(z) = \dfrac{az + b}{cz + d}$ $(a, b, c, d \in \mathbb{R}, ad - bc > 0)$, dann ist β^{-1} von der Form

$$\beta^{-1}(z) = \frac{dz - b}{-cz + a}\ .$$

Analog: Ist β von der Form $\beta(z) = \dfrac{a\bar{z} + b}{c\bar{z} + d}$ $(a, b, c, d \in \mathbb{R}, ad - bc < 0)$, dann ist β^{-1} von der Form

$$\beta^{-1}(z) = \frac{d\bar{z} - b}{-c\bar{z} + a}\ .$$

Die Umkehrabbildung einer nichteuklidischen Bewegung ist also wieder eine nichteuklidische Bewegung.

Satz 9.5. Die nichteuklidischen Bewegungen bilden eine Gruppe.

Beweis. Seien β, β' nichteuklidische Bewegungen, gegeben durch

$$\beta(z) = \frac{az + b}{cz + d}, \quad \beta'(z) = \frac{a'z + b'}{c'z + d'} \quad (ad - bc > 0, \ a'd' - b'c' > 0)\ .$$

Dann ist

$$\beta(\beta'(z)) = \frac{a\,\dfrac{a'z + b'}{c'z + d'} + b}{c\,\dfrac{a'z + b'}{c'z + d'} + d} = \frac{(aa' + bc')\,z + ab' + bd'}{(ca' + dc')\,z + cb' + dd'}\ .$$

Ordnet man allgemein einer Funktion β die Matrix $\begin{pmatrix} a & b \\ c & d \end{pmatrix}$ zu, dann ist $\beta \cdot \beta'$ die Matrix $\begin{pmatrix} a & b \\ c & d \end{pmatrix} \cdot \begin{pmatrix} a' & b' \\ c' & d' \end{pmatrix}$ zugeordnet. Nach dem Produktsatz für Determinaten ergibt sich, daß auch $\beta \cdot \beta'$ eine nichteuklidische Bewegung ist.

Völlig analog schließt man in den übrigen Fällen, wenn etwa β' von der Form $\beta'(z) = \dfrac{a'\bar{z} + b'}{c'\bar{z} + d'}$ $(a'd' - b'c' < 0)$ ist oder β von der Form $\beta(z) = \dfrac{a\bar{z} + b}{c\bar{z} + d}$ $(ad - bc < 0)$.

Die identische Abbildung ist eine nichteuklidische Bewegung mit der Matrix $\begin{pmatrix} 1 & 0 \\ 0 & 1 \end{pmatrix}$. Wir haben in 9.4 schon gesehen, daß jede nichteuklidische Bewegung ein Inverses besitzt. Damit ist die Gruppeneigenschaft bestätigt.

Bemerkung 9.6. Man erhält eine surjektive Abbildung

$$\epsilon : \mathrm{Gl}(2, \mathbb{R}) \to B,$$

der Gruppe $\mathrm{Gl}(2, \mathbb{R})$ der invertierbaren 2×2-Matrizen mit Koeffizienten aus $\mathbb{R}$ auf die Gruppe B der nichteuklidischen Bewegungen, wenn man jeder Matrix $\begin{pmatrix} a & b \\ c & d \end{pmatrix} \in \mathrm{Gl}(2, \mathbb{R})$ mit positiver Determinante die nichteuklidische Bewegung β mit $\beta(z) = \dfrac{az + b}{cz + d}$ zuordnet und jeder Matrix mit negativer Determinante die nichteuklidische Bewegung β mit $\beta(z) = \dfrac{a\bar{z} + b}{c\bar{z} + d}$. Der Beweis von 9.5 zeigt, daß ϵ ein Gruppenhomomorphismus ist.

Man kann zeigen: Zwei Matrizen bestimmen genau dann dieselbe nichteuklidische Bewegung β, wenn sie sich nur um einen Faktor $\neq 0$ aus $\mathbb{R}$ unterscheiden (vgl. Übungsaufgaben 4. und 5.). Insbesondere wird durch ϵ ein Isomorphismus der Untergruppe von Gl(2, $\mathbb{R}$) aller Matrizen mit Determinante ± 1 auf B induziert.

Wir betrachten jetzt spezielle nichteuklidische Bewegungen:

α) Sei g die nichteuklidische Gerade mit der Gleichung $\mathrm{Re}(z) = a$. Dann wird durch

$$\sigma_g(z) = -\bar{z} + 2a$$

eine nichteuklidische Bewegung gegeben.

β) Sei g die nichteuklidische Gerade mit der Gleichung $|z - a| = r$. Dann wird durch

$$\sigma_g(z) = \frac{a\bar{z} + (r^2 - a^2)}{\bar{z} - a} = \frac{r^2}{\bar{z} - a} + a$$

eine nichteuklidische Bewegung gegeben.

Definition 9.7. Für beliebiges $g \in G$ heißt σ_g die *nichteuklidische Spiegelung an der nichteuklidischen Gerade* g.

Wir wollen uns zuerst die geometrische Bedeutung dieser Abbildungen klar machen.

α) Sei $z = x + iy$ $(x, y \in \mathbb{R})$. Dann ist $\sigma_g(z) = (2a - x) + iy$.

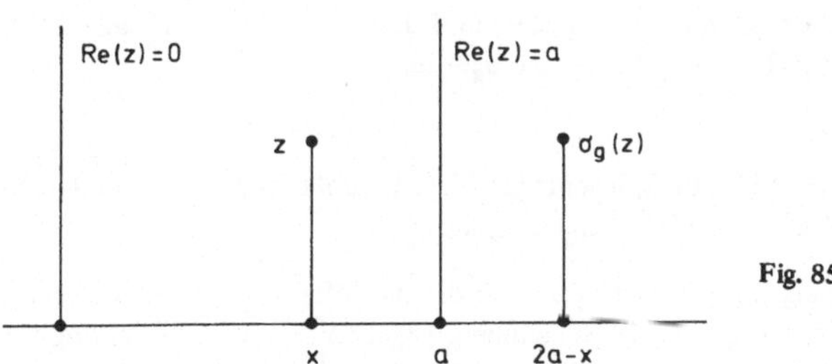

Es handelt sich um die euklidische Spiegelung an der durch $\mathrm{Re}(z) = a$ bestimmten Geraden, beschränkt auf die obere Halbebene.

β) Hier handelt es sich um die „Spiegelung am Halbkreis" $|z - a| = r$, die folgendermaßen beschrieben werden kann: Sei $z = x + iy$ ein Punkt außerhalb des Halbkreises (d.h. $|z - a| > r$). Man verbinde z mit dem Mittelpunkt des Halbkreises. Andererseits lege man von z eine Tangente an den Halbkreis und fälle das Lot vom Berührungspunkt auf die Strecke von z zum Mittelpunkt des Halbkreises. Der Fußpunkt des Lotes ist dann $\sigma_g(z)$. Umgekehrt wird dieser Punkt bei σ_g auf den ursprünglichen Punkt z abgebildet.

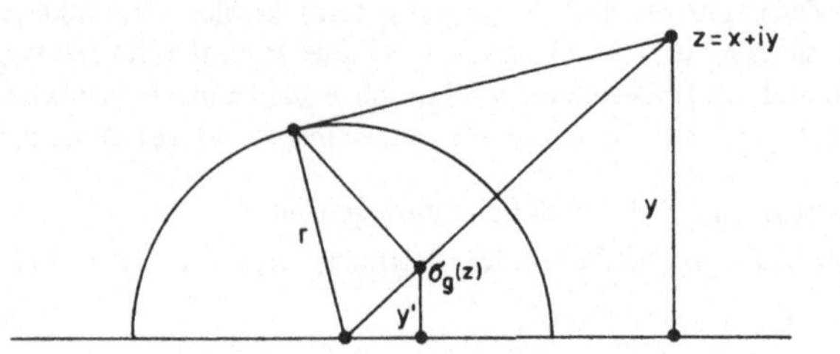

Sei $\sigma_g(z) = x' + iy'$. Aus $\sigma_g(z) = \dfrac{r^2}{x - iy - a} + a = \dfrac{r^2(x - a + iy)}{(x - a)^2 + y^2} + a$ ergibt sich

$x' - a = \dfrac{r^2(x - a)}{(x - a)^2 + y^2}$, $y' = \dfrac{r^2 y}{(x - a)^2 + y^2}$ und folglich $\dfrac{x' - a}{y'} = \dfrac{x - a}{y}$. Dies

bedeutet, daß z und $\sigma_g(z)$ auf dem gleichen vom Punkt a ausgehenden Strahl

liegen. Ferner ist $|\sigma_g(z) - a| = \dfrac{r^2}{|\bar{z} - a|} = \dfrac{r^2}{|z - a|}$ und somit $r^2 = |\sigma_g(z) - a| \cdot |z - a|$.

Nach dem Kathetensatz folgt, daß z und $\sigma_g(z)$ gerade so zueinander liegen, wie
in Fig. 86 angedeutet.

Insbesondere hat sich ergeben:

Satz 9.8. Sei g eine nichteuklidische Gerade und seien H_1, H_2 die beiden durch g
bestimmten nichteuklidischen Halbebenen. Dann gilt $\sigma_g(z) = z$ für alle $z \in g$,
$\sigma_g(H_1) = H_2$, $\sigma_g(H_2) = H_1$. Ferner ist $\sigma_g^2 = \mathrm{id}$.

Wir beweisen jetzt

Satz 9.9. Nichteuklidische Spiegelungen bilden nichteuklidische Geraden (Strecken)
auf nichteuklidische Geraden (Strecken) ab.

Beweis. Für Spiegelungen vom Typ α) ist dies unmittelbar klar, da es sich um eine
euklidische Spiegelung handelt. Sei daher g gegeben durch die Gleichung $|z - a| = r$.
Ferner sei h die Gerade mit der Gleichung $\mathrm{Re}(z) = \dfrac{a}{2}$ und g_0 die Gerade mit der
Gleichung $|z| = r$. Dann gilt

$(*) \quad \sigma_g = \sigma_h \circ \sigma_{g_0} \circ \sigma_h$,

denn $\sigma_h(\sigma_{g_0}(\sigma_h(z))) = \sigma_h(\sigma_{g_0}(-\bar{z} + a)) = \sigma_h\left(\dfrac{r^2}{-z + a}\right) = \dfrac{r^2}{\bar{z} - a} + a = \sigma_g(z)$. Es genügt

daher, die Behauptung für σ_{g_0} zu beweisen.

a) Es ist $\sigma_{g_0}(iy) = \dfrac{r^2}{-iy}$ für $y \in \mathbb{R}$. Durchläuft y die Zahlen von $\mathbb{R}_+$ dann durchläuft
$\sigma_{g_0}(iy)$ die Punkte der Geraden h mit der Gleichung $\mathrm{Re}(z) = 0$. Es ist also
$\sigma_{g_0}(h) = h$. Dabei geht eine Strecke $s(z_1, z_2) \subset h$ über in die Strecke $s(\sigma_{g_0}(z_1), \sigma_{g_0}(z_2))$.

b) Sei nun h eine Gerade mit der Gleichung $\operatorname{Re}(z) = a$, $a \neq 0$. Für $z \in h$ ist

$$\left| \sigma_{g_0}(z) - \frac{r^2}{2a} \right| = \left| \frac{r^2}{\bar{z}} - \frac{r^2}{2a} \right| = r^2 \left| \frac{2a - \bar{z}}{2a\bar{z}} \right| = \frac{r^2}{2|a|}, \quad \text{da } |2a - \bar{z}| = |\bar{z}| \text{ wegen } \operatorname{Re}(z) = a.$$

h wird also in die Gerade h' mit der Gleichung $\left| z - \frac{r^2}{2a} \right| = \frac{r^2}{2|a|}$ abgebildet.
(Siehe Fig. 87 für zwei typische Fälle.)

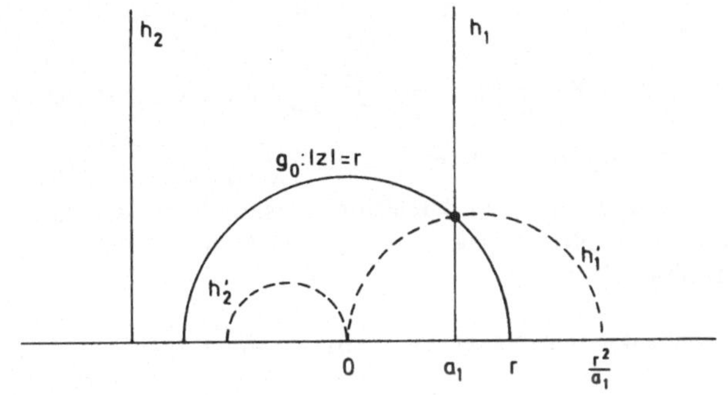

Fig. 87

Aus $\sigma_{g_0}(a + iy) = \frac{r^2}{a - iy} = \frac{r^2(a + iy)}{a^2 + y^2}$ ergibt sich $\operatorname{Re}(\sigma_{g_0}(a + iy)) = \frac{r^2 a}{a^2 + y^2}$.
Dies ist eine streng monoton fallende stetige Funktion von y. Durchläuft y ganz $\mathbb{R}_+$, so durchlaufen die Funktionswerte das offene Intervall $\left(0, \frac{r^2}{a} \right)$. Dies zeigt, daß h bei σ_{g_0} *auf* h' abgebildet wird und daß dabei Strecken aus h in Strecken aus h' übergehen.

c) Sei jetzt h eine Gerade mit der Gleichung $|z - a| = |a|$, $a \neq 0$. Wir setzen $a' := \frac{r^2}{2a}$, $a = \frac{r^2}{2a'}$. Nach b) gilt $\sigma_{g_0}(h') = h$, wenn h' die Gerade mit der Gleichung $\operatorname{Re}(z) = a'$ ist. Es ist aber $\sigma_{g_0}^2 = \operatorname{id}$ und somit folgt $\sigma_{g_0}(h) = \sigma_{g_0}^2(h') = h'$.
Daß hierbei Strecken aus h auf Strecken aus h' abgebildet werden, ist klar.

d) Sei schließlich h eine Gerade mit der Gleichung $|z - a| = \rho$, wobei $\rho \neq |a|$. Diese Bedingung ist äquivalent mit der Gleichung $|z|^2 - a(z + \bar{z}) = \rho^2 - a^2$. Für $z = x + iy \in h$ ergibt sich

$$\left| \sigma_{g_0}(z) - \frac{r^2 a}{a^2 - \rho^2} \right| = \left| \frac{r^2}{\bar{z}} - \frac{r^2 a}{a^2 - \rho^2} \right| = r^2 \frac{|-z\bar{z} + az|}{|\bar{z}| \cdot |a^2 - \rho^2|} = \frac{r^2 \rho}{|a^2 - \rho^2|}$$

und somit ist $\sigma_{g_0}(h)$ enthalten in der Geraden h' mit der Gleichung

$$\left| z - \frac{r^2 a}{a^2 - \rho^2} \right| = \frac{r^2 \rho}{|a^2 - \rho^2|}. \quad \text{(In Fig. 88 ist dies für zwei Fälle gezeichnet.)}$$

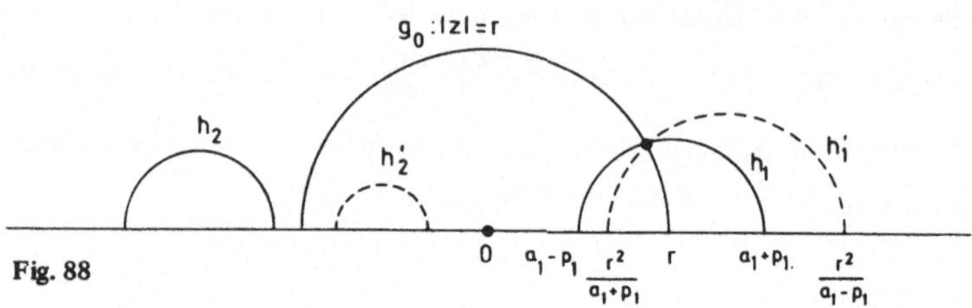

Fig. 88

Ferner ist $\mathrm{Re}(\sigma_{g_0}(z)) = \mathrm{Re}\left(\dfrac{r^2 z}{|z|^2}\right) = \dfrac{r^2 x}{\rho^2 - a^2 + 2ax}$. Dies ist eine stetige monotone Funktion von x, die die Werte des Intervalls $\left(\dfrac{r^2}{a - \rho}, \dfrac{r^2}{a + \rho}\right)$ durchläuft, wenn x das Intervall $(a - \rho, a + \rho)$ durchläuft. Hieraus folgt wieder, daß $\sigma_{g_0}(h) = h'$ ist und daß Strecken aus h auf Strecken in h' abgebildet werden. Der Satz ist damit bewiesen.

Satz 9.10. Jede nichteuklidische Bewegung ist Produkt von nichteuklidischen Spiegelungen.

Beweis. Sei $\beta \in B$ gegeben durch $\beta(z) = \dfrac{az + b}{cz + d}$ mit $a, b, c, d \in \mathbb{R}$, $ad - bc > 0$. Ist $c \neq 0$, so betrachten wir die Zuordnungen

$$z \longmapsto \frac{ad - bc}{c^2} \cdot \frac{1}{\bar{z} - \left(-\dfrac{d}{c}\right)} - \frac{d}{c} \longmapsto -\left(\frac{ad - bc}{c^2} \frac{1}{z + \dfrac{d}{c}} - \frac{d}{c}\right) + \frac{a - d}{c} = \beta(z).$$

In jedem Schritt wird eine nichteuklidische Spiegelung ausgeführt, β ist somit in diesem Fall Produkt von zwei Spiegelungen. Falls $c = 0$ ist, kann man β von der Form $\beta(z) = az + b$ annehmen, $a > 0$. β ergibt sich dann durch die Folge

$$z \longmapsto \frac{1}{\bar{z}} \longmapsto az \longmapsto -a\bar{z} \longmapsto az + b$$

und ist daher Produkt von vier Spiegelungen.

Ist β von der Form $\beta(z) = \dfrac{a\bar{z} + b}{c\bar{z} + d}$ $(a, b, c, d \in \mathbb{R}, ad - bc < 0)$, so betrachtet man für $c \neq 0$ die Folge

$$z \longmapsto -\bar{z} - \frac{d}{c} \longmapsto \frac{-(ad - bc)}{c^2} \cdot \frac{1}{-(z + \dfrac{d}{c})} \longmapsto \frac{-(ad - bc)}{c^2} \frac{1}{\bar{z} + \dfrac{d}{c}} + \frac{a}{c} = \beta(z)$$

und für $c = 0$, $\beta(z) = a\bar{z} + b$ mit $a < 0$:

$$z \longmapsto \frac{1}{\bar{z}} \longmapsto -az \longmapsto a\bar{z} + b.$$

In beiden Fällen ist β Produkt von drei Spiegelungen.

Aus den Sätzen 9.9 und 9.10 folgt

Korollar 9.11. Nichteuklidische Bewegungen sind streckenerhaltende Automorphismen von (E, G).

Mit Satz 9.8 ist somit auch das Axiom C1) für nichteuklidische Bewegungen bestätigt. Wir wollen jetzt auch die Gültigkeit von C2)–C4) nachweisen.

Satz 9.12 (Axiom C2). Für $z_1, z_2 \in E$ gibt es eine nichteuklidische Spiegelung σ_g mit $\sigma_g(z_1) = z_2$.

Beweis. Sei $z_k = x_k + iy_k$ $(k = 1, 2)$. Falls $y_1 = y_2$ ist, dann liefert die Spiegelung σ_g mit $\sigma_g(z) = -\bar{z} + (x_1 + x_2)$ das Gewünschte. Falls $y_1 \neq y_2$ ist, setzen wir

$$a := \frac{x_2 y_1 - x_1 y_2}{y_1 - y_2} \quad \text{und betrachten die Abbildung } \sigma_g \text{ mit } \sigma_g(z) = \frac{(z_2 - a)(\bar{z}_1 - a)}{\bar{z} - a} + a.$$

Es ist

$$\mathrm{Im}\,[(z_2 - a)(\bar{z}_1 - a)] = \mathrm{Im}\,[z_2 \bar{z}_1 - a(\bar{z}_1 + z_2) + a^2] = y_2 x_1 - x_2 y_1 + ay_1 - ay_2 = 0$$

und

$$\mathrm{Re}\,[(z_2 - a)(\bar{z}_1 - a)] = x_1 x_2 + y_1 y_2 - a(x_1 + x_2) + a^2 = (a - x_1)(a - x_2) + y_1 y_2 =$$

$$= y_1 \frac{x_2 - x_1}{y_2 - y_1} \cdot y_2 \frac{x_2 - x_1}{y_2 - y_1} + y_1 y_2 = y_1 y_2 \left(\left(\frac{x_2 - x_1}{y_2 - y_1} \right)^2 + 1 \right) > 0.$$

Somit ist σ_g in der Tat eine Spiegelung: $(z_2 - a)(\bar{z}_1 - a) =: r^2 \in \mathbb{R}$. Durch Einsetzen sieht man sofort, daß $\sigma_g(z_1) = z_2$.

Satz 9.13 (Axiom C3). α sei ein nichteuklidischer Winkel mit den Schenkeln s_1 und s_2. Dann gibt es eine nichteuklidische Spiegelung σ_g mit $\sigma_g(s_1) = s_2$.

Beweis. Wir wissen auf Grund von 9.11, daß jede nichteuklidische Bewegung β einen nichteuklidischen Strahl s wieder auf einen nichteuklidischen Strahl abbildet. Ist s der Strahl (z_0, x) und ist $x \in \mathbb{R}$, so ergibt sich aus Stetigkeitsgründen, daß $\beta(s)$ der Strahl $(\beta(z_0), \beta(x))$ ist, wenn $\beta(x)$ definiert ist (d.h. der Nenner der Quotientendarstellung von β in x nicht verschwindet) und der Strahl $(\beta(z_0), \infty)$, wenn $\lim_{z \to x} \beta(z) = \infty$ ist.

Ist nun z_0 der Scheitel von α und ist $s_i = (z_0, x_i)$ $(i = 1, 2)$, so können wir annehmen, daß $x_1 \neq x_2$ ist und daß auch $x_1 \neq \infty$ ist (andernfalls können wir die Rollen von s_1 und s_2 vertauschen, es ist ja $\sigma_g^2 = \mathrm{id}$).

a) Sind $x_1, x_2 \in \mathbb{R}$, $x_1 + x_2 = 2\,\mathrm{Re}(z_0)$, so bildet die Spiegelung an der Geraden g mit der Gleichung $\mathrm{Re}(z) = \dfrac{x_1 + x_2}{2}$ den Schenkel s_1 auf s_2 ab, denn es ist

$$\sigma_g(z_0) = -\bar{z}_0 + 2\,\mathrm{Re}(z_0) = z_0,$$

$$\sigma_g(x_1) = -x_1 + (x_1 + x_2) = x_2.$$

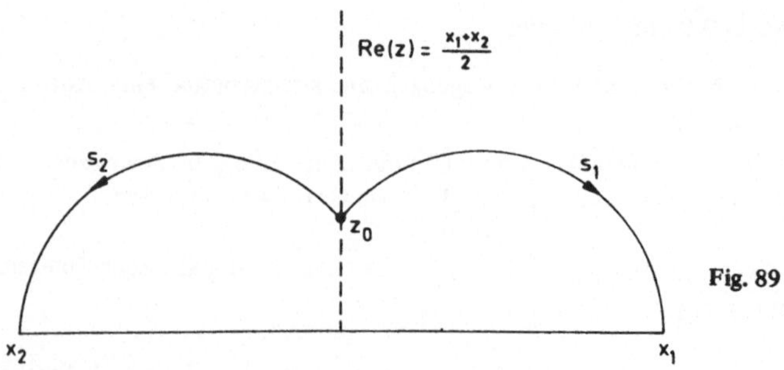

Fig. 89

b) Die Spiegelung σ_g an einer Geraden mit der Gleichung $|z - a| = r$ läßt z_0 genau dann fest, wenn $r = |z_0 - a|$ ist. Ist nun $x_2 = \infty$, so bildet die Spiegelung σ_g mit

$$\sigma_g(z) = \frac{|z_0 - x_1|^2}{\bar{z} - x_1} + x_1$$

den Strahl s_1 auf s_2 ab, denn es ist $\lim\limits_{z \to x_1} \sigma_g(z) = \infty$.

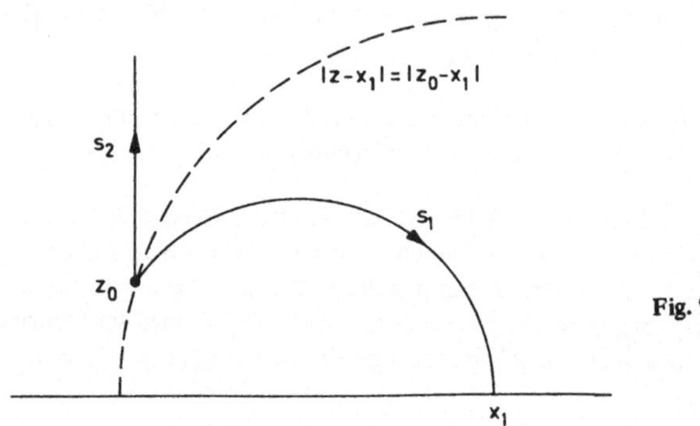

Fig. 90

c) Sind $x_1, x_2 \in \mathbb{R}$, $x_1 + x_2 \neq 2\,\mathrm{Re}(z_0)$, so gilt für die Spiegelung mit der Gleichung

$$\sigma_g(z) = \frac{|z_0 - a|^2}{\bar{z} - a} + a$$

genau dann $\sigma_g(x_1) = x_2$, wenn $a = \dfrac{z_0 \bar{z}_0 - x_1 x_2}{2\,\mathrm{Re}(z_0) - x_1 - x_2}$ ist, wie man leicht nachrechnet. Wir wählen also a auf diese Weise und erhalten eine Spiegelung, die s_1 auf s_2 abbildet.

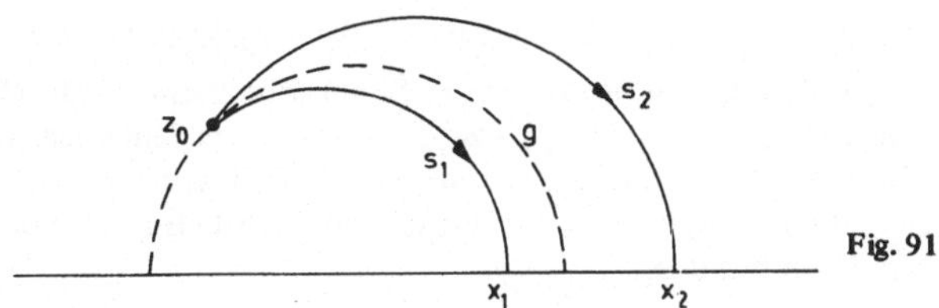

Fig. 91

Für jeden möglichen Fall haben wir jetzt ein σ_g mit den gewünschten Eigenschaften erhalten.

Satz 9.14 (Axiom C4). Eine nichteuklidische Bewegung β, die eine Flagge (z_0, s, H) invariant läßt, ist die Identität.

Beweis. Sei β von der Form $\beta(z) = \dfrac{az + b}{cz + d}$ $(a, b, c, d \in \mathbb{R}, ad - bc > 0)$. β ist definiert in der ganzen Gaußschen Zahlenebene, außer in $z = -\dfrac{d}{c}$, falls $c \neq 0$.

Wenn der Strahl s auf einer Geraden vom Typ α) liegt, also auf der Geraden mit der Gleichung $\mathrm{Re}(z) = \mathrm{Re}(z_0) =: x_0$, dann muß aus Stetigkeitsgründen der Punkt x_0 festbleiben: $\beta(x_0) = x_0$.

Wenn der Strahl s auf einer Geraden vom Typ β) mit der Gleichung $|z - a| = r$ liegt, dann muß ebenfalls aus Stetigkeitsgründen der Punkt $x_0 := a + r$ festbleiben: $\beta(x_0) = x_0$.

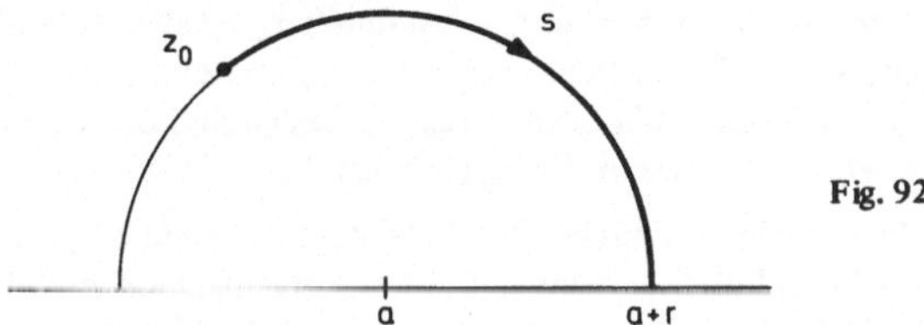

Fig. 92

In jedem Fall gilt $\beta(z_0) = z_0$. Dies bedeutet, daß die Gleichungen

$$cx_0^2 + (d - a)x_0 - b = 0$$
$$cz_0^2 + (d - a)z_0 - b = 0$$
$$c\bar{z}_0^2 + (d - a)\bar{z}_0 - b = 0$$

erfüllt sind, wobei sich die letzte aus der vorletzten durch Übergang zum Konjugiert-komplexen ergibt. Da eine quadratische Gleichung höchstens zwei verschiedene Lösungen hat, folgt $c = b = 0$ und $a = d$, also $\beta = $ id. (Wir haben bei diesem Schluß nur benutzt, daß $\beta(z_0) = z_0, \beta(s) = s$.)

Ist β von der Form $\beta(z) = \dfrac{a\bar{z} + b}{c\bar{z} + d}$ $(a, b, c, d \in \mathbb{R}, ad - bc < 0)$, so setzen wir

$\beta^* = \beta \circ \sigma_g$, wobei g die Gerade ist, die durch den Strahl s bestimmt wird. β^* ist dann eine Bewegung des Typs I mit $\beta^*(z_0) = z_0$, $\beta^*(s) = s$. Nach dem oben Gezeigten ist $\beta^* = \text{id}$, also $\beta = \sigma_g$. Es kann dann aber nicht $\beta(H) = H$ sein. Die Annahme, daß β die nichteuklidische Flagge (z_0, s, H) invariant läßt, führt also zum Widerspruch. Der Satz ist damit bewiesen.

Nachdem jetzt gezeigt ist, daß alle Bewegungsaxiome erfüllt sind, ist klar, daß alle Begriffe aus den Paragraphen 3 und 4 auch in der nichteuklidischen Ebene sinnvoll sind: z.B. die Begriffe Orthogonalität, Lot, Kongruenz, nichteuklidischer Kreis usw.. Die in § 3 und § 4 bewiesenen Sätze sind natürlich auch in unserer jetzigen speziellen Situation gültig, z.B. der Satz von der Existenz von Loten, der Satz von den drei Spiegelungen (der allerdings in 9.10 fast schon bewiesen worden ist, vgl. Übungsaufgabe 2), die Kongruenzsätze für Dreiecke usw.

Aus dem Beweis von 9.12 entnimmt man, wie man zu zwei Punkten $z_1, z_2 \in E$ die Gleichung der nichteuklidischen Mittelsenkrechten ermittelt und aus dem Beweis von 9.13 erhält man eine Vorschrift zur Bestimmung der Winkelhalbierenden eines gegebenen nichteuklidischen Winkels.

Jedem nichteuklidischen Strahl kann auf folgende Weise ein euklidischer Strahl zugeordnet werden: Wir betrachten E als eine Teilmenge von $\mathbb{R}^2$. Ein Strahl (z_0, ∞) ist dann selbst schon ein euklidischer Strahl. Ein Strahl $(z_0, \text{Re}(z_0))$ definiert den euklidischen Strahl $\{z \mid \text{Re}(z) = \text{Re}(z_0), \text{Im}(z) < \text{Im}(z_0)\}$. Ein Strahl (z_0, x) mit $x \neq \infty, x \neq \text{Re}(z_0)$ liegt auf einer nichteuklidischen Gerade $|z - a| = r$, wobei $x = a + r$, wenn $\text{Re}(z_0) < x$ und $x = a - r$, wenn $\text{Re}(z_0) > x$ ist.

Die Tangente des Halbkreises $|z - a| = r$ in z_0 wird durch z_0 in zwei euklidische Strahlen s_1^0, s_2^0 zerlegt, wobei s_1^0 nur Punkte z mit $\text{Re}(z) > \text{Re}(z_0)$ enthält und s_2^0 nur solche mit $\text{Re}(z) < \text{Re}(z_0)$. Wir ordnen (z_0, x) den euklidischen Strahl s_1^0 zu, wenn $\text{Re}(z_0) < x$ ist, und s_2^0, wenn $\text{Re}(z_0) > x$ ist.

Wir bezeichnen den einem nichteuklidischen Strahl s zugeordneten euklidischen Strahl mit s^0. Einem nichteuklidischen Winkel α ist entsprechend ein euklidischer Winkel α^0 zugeordnet: Der Winkel, der aus den Tangenten im Scheitel des nichteuklidischen Winkels gebildet wird.

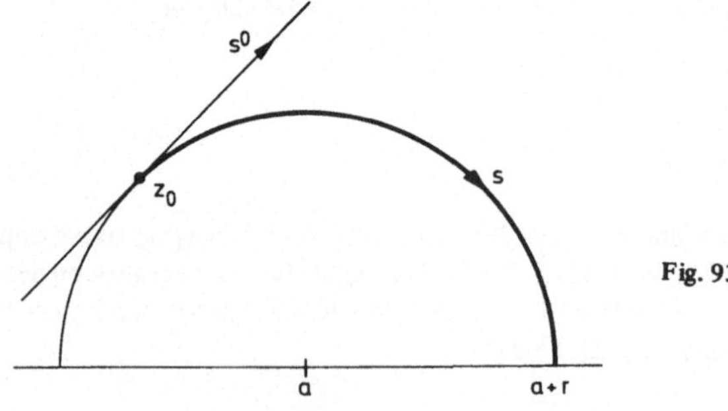

Fig. 93

Lemma 9.15. Jeder euklidische Strahl s', der von einem Punkt $z_0 \in E$ ausgeht, bestimmt eindeutig einen nichteuklidischen Strahl s mit $s^0 = s'$, jeder euklidische Winkel α' mit Scheitel $z_0 \in E$ einen nichteuklidischen Winkel α mit $\alpha^0 = \alpha'$.

Beweis. Es genügt, die Aussage für Strahlen zu beweisen. Ein euklidischer Strahl ist durch seinen Anfangspunkt z_0 und seinen Richtungsvektor $(\xi, \eta) \in \mathbb{R}^2$ festgelegt. Ist $\xi = 0$, dann enthält die nichteuklidische Gerade $\mathrm{Re}(z) = \mathrm{Re}(z_0)$ den gesuchten nichteuklidischen Strahl.

Ist $\xi \neq 0$ und $z_0 = x_0 + iy_0$, so geht die nichteuklidische Gerade mit der Gleichung $|z - a| = r$ (oder äquivalent damit: $y = \sqrt{r^2 - (x - a)^2}$) genau dann durch z_0 und hat in z_0 die durch (ξ, η) gegebene euklidische Gerade als Tangente, wenn

$|z_0 - a| = r$ ist und $y'(x_0) = -\dfrac{x_0 - a}{y_0} = \dfrac{\eta}{\xi}$. Hierdurch sind a und r eindeutig festgelegt. Der gesuchte nichteuklidische Strahl liegt auf dieser Geraden.

Satz 9.16. Zwei nichteuklidische Winkel α und β sind genau dann kongruent, wenn α^0 und β^0 im euklidischen Sinne kongruent sind.

Dies ergibt sich sofort aus 9.15 und der Tatsache, daß nichteuklidische Bewegungen winkeltreue Abbildungen von E auf E sind.

Es werde zunächst daran erinnert, wann eine differenzierbare Abbildung $\varphi : U \to V$ einer offenen Menge $U \subset \mathbb{R}^2$ in eine offene Menge $V \subset \mathbb{R}^2$ *winkeltreu* in einem Punkt $(x_0, y_0) \in U$ genannt wird:

Man betrachtet beliebige Kurven α und β durch (x_0, y_0). Diese seien durch Parameterdarstellungen $(\alpha_1(t), \alpha_2(t))$ bzw. $(\beta_1(t), \beta_2(t))$ gegeben, wobei $(\alpha_1(t_0), \alpha_2(t_0)) = (\beta_1(t_0), \beta_2(t_0)) = (x_0, y_0)$ für einen geeigneten Parameterwert t_0 ist. Die Kurven sollen glatt in (x_0, y_0) sein, d.h. die Ableitungen (Tangentenvektoren) $\alpha'(t_0)$ und $\beta'(t_0)$ sollen existieren und für die Norm dieser Vektoren soll gelten $|\alpha'(t_0)| > 0$, $|\beta'(t_0)| > 0$. $a := \varphi \circ \alpha$ und $b := \varphi \circ \beta$ seien die Bildkurven in V.

φ heißt nun *winkeltreu* in (x_0, y_0), wenn für alle Kurven α, β mit den obigen Eigenschaften gilt, daß auch a und b glatt in $\varphi(x_0, y_0)$ sind und

$$\frac{\langle \alpha'(t_0), \beta'(t_0) \rangle}{|\alpha'(t_0)| \cdot |\beta'(t_0)|} = \frac{\langle a'(t_0), b'(t_0) \rangle}{|a'(t_0)| \cdot |b'(t_0)|}$$

ist. Dabei bedeutet $\langle , \rangle$ das Skalarprodukt in $\mathbb{R}^2$. Mit andern Worten: Der Cosinus des Winkels zwischen den Tangentenvektoren der Kurven und ihrer Bildkurven soll übereinstimmen.

Um zu zeigen, daß nichteuklidische Bewegungen in allen Punkten von E winkeltreu sind, genügt es nach 9.10, dies für Spiegelungen zu beweisen. Bei den Spiegelungen an Geraden vom Typ α) ist es klar, da dies gewöhnliche euklidische Spiegelungen sind. Man kann sich somit auf Grund der Formel (*) aus dem Beweis von 9.9 auf die Spiegelung σ_{g_0} mit der Gleichung $\sigma_{g_0}(z) = \dfrac{r^2}{\bar{z}} = \dfrac{r^2 x}{x^2 + y^2} + i \dfrac{r^2 y}{x^2 + y^2}$ $(z = x + iy)$ beschränken.

Die zu betrachtende Abbildung φ wird dann gegeben durch

$$\varphi_1(x,y) = \frac{r^2 x}{x^2 + y^2}, \quad \varphi_2(x,y) = \frac{r^2 y}{x^2 + y^2}.$$

Mit den obigen Bezeichnungen ist $a'(t_0) = \dfrac{\partial(\varphi_1, \varphi_2)}{\partial(x,y)} (x_0, y_0) \cdot \alpha'(t_0)$ und

$b'(t_0) = \dfrac{\partial(\varphi_1, \varphi_2)}{\partial(x,y)} (x_0, y_0) \cdot \beta'(t_0)$, wobei

$$\frac{\partial(\varphi_1, \varphi_2)}{\partial(x,y)} = \begin{pmatrix} \dfrac{r^2(y^2 - x^2)}{(x^2 + y^2)^2}, & \dfrac{-2r^2 xy}{(x^2 + y^2)^2} \\[3mm] \dfrac{-2r^2 xy}{(x^2 + y^2)^2}, & \dfrac{r^2(x^2 - y^2)}{(x^2 + y^2)^2} \end{pmatrix}$$

die Jacobische Matrix der Abbildung φ ist. In unserm Fall ist sie das r^2-fache einer orthogonalen Matrix. Da orthogonale Matrizen das Skalarprodukt invariant lassen, folgt in der Tat, daß φ winkeltreu ist.

Da der einem nichteuklidischen Winkel α zugeordnete euklidische Winkel α^0 gerade durch die Tangentenvektoren im Scheitel von α bestimmt ist, ergibt sich nun die Aussage von Satz 9.16 unmittelbar.

Korollar 9.17. Ein nichteuklidischer Winkel α ist genau dann ein rechter Winkel, wenn α^0 es ist (im euklidischen Sinn).

Vorschläge für weitere Studien

Die Beweise der Sätze aus diesem und dem vorhergehenden Paragraphen lassen sich wesentlich kürzer fassen, wenn man die folgenden Tatsachen über gebrochene lineare Transformationen (Möbius-Transformationen)

$$l(z) = \frac{az + b}{cz + d} \quad (a, b, c, d \in \mathbb{C}, \, ad - bc \neq 0)$$

benutzt: Diese Funktionen sind bijektive und stetige Abbildungen der Riemannschen Zahlenkugel auf sich, sie bilden Kreise der Riemannschen Zahlenkugel auf Kreise ab und sind winkeltreu, ferner ist eine Abbildung l durch Angabe von drei paarweise verschiedenen Punkten z_1, z_2, z_3 und ihrer Bildpunkte $l(z_1), l(z_2), l(z_3)$ eindeutig festgelegt; gibt man zu z_1, z_2, z_3 drei weitere paarweise verschiedene Punkte w_1, w_2, w_3 vor, so gibt es auch immer ein l mit $l(z_i) = w_i$ $(i = 1, 2, 3)$. Die Beweise dieser Sätze und ihre Beziehung zur nichteuklidischen Geometrie sind dargestellt z.B. in Caratheodory [4], man vergleiche auch Knopp [14].

Übungsaufgaben

1. Zeige: Eine gebrochene lineare Transformation

$$\frac{az + b}{cz + d} \quad (a, b, c, d \in \mathbb{C}, \, ad - bc \neq 0)$$

bildet genau dann die obere Halbebene $\mathrm{Im}(z) > 0$ auf sich ab, wenn es ein $u \in \mathbb{C}, \, u \neq 0$ gibt, so daß die Zahlen $a' := ua$, $b' := ub$, $c' := uc$ und $d' := ud$ sämtlich reell sind und $a'd' - b'c' > 0$. Beweise die entsprechende Aussage auch für die Transformationen der Form

$$\frac{a\bar{z} + b}{c\bar{z} + d} \quad (a, b, c, d \in \mathbb{C}, \, ad - bc \neq 0).$$

2. Sei β die nichteuklidische Bewegung, die durch $\beta(z) = az + b$ $(a, b \in \mathbb{R}, a > 0)$ gegeben wird. Schreibe β als Produkt von zwei nichteuklidischen Spiegelungen.

3. Zeige: Eine nichteuklidische Bewegung $\beta \neq \mathrm{id}$ der Form

$$\beta(z) = \frac{az + b}{cz + d} \quad (a, b, c, d \in \mathbb{R}, \, ad - bc > 0)$$

hat höchstens einen Fixpunkt in E.

4. Zeige: Zwei nichteuklidische Bewegungen β_i $(i = 1, 2)$ des Typs I:

$$\beta_i(z) = \frac{a_i z + b_i}{c_i z + d_i} \quad (a_i, b_i, c_i, d_i \in \mathbb{R}, \, a_i d_i - b_i c_i > 0)$$

stimmen genau dann überein, wenn es ein $r \in \mathbb{R}, \, r \neq 0$ gibt, so daß $(a_1, b_1, c_1, d_1) = r \cdot (a_2, b_2, c_2, d_2)$.
Beweise das Entsprechende für Bewegungen vom Typ II:

$$\beta_i(z) = \frac{a_i \bar{z} + b_i}{c_i z + d_i} \quad (a_i d_i - b_i c_i < 0).$$

5. Zeige: Jede nichteuklidische Bewegung vom Typ II ist Produkt einer nichteuklidischen Bewegung vom Typ I und einer nichteuklidischen Spiegelung. Folgere, daß keine Bewegung vom Typ I zugleich vom Typ II sein kann.

6. Zeige: Eine nichteuklidische Bewegung $\beta \neq \mathrm{id}$ ist genau dann eine (nichteuklidische) Drehung um $z_0 \in E$ (vgl. 3.22), wenn es ein $a \in \mathbb{R}$ gibt, so daß sich β schreiben läßt in der Form

$$\beta(z) = \frac{az - |z_0|^2}{z + a - 2\mathrm{Re}(z_0)}.$$

7. Zwei parallele nichteuklidische Geraden heißen *randparallel*, wenn sie entweder beide durch eine Gleichung $\mathrm{Re}(z) = a$ gegeben werden oder wenn sich die zugehörigen euklidischen Kreise oder Geraden auf der reellen Achse schneiden. Zeige:

a) Zu jeder Geraden g und zu jedem Punkt $P \notin g$ gibt es genau zwei zu g randparallele Geraden durch P.

b) Nichteuklidische Bewegungen führen randparallele Geraden in randparallele Geraden über.

c) Die Randparallelität ist durch die folgende (vom Modell unabhängige) Tatsache charakterisiert: Zwei parallele Geraden sind genau dann randparallel, wenn sie kein gemeinsames Lot besitzen.

d) Zu zwei parallelen, aber nicht randparallelen Geraden gibt es genau ein gemeinsames Lot.

Zu den folgenden Aufgaben fertige man auch jeweils eine Zeichnung an:

8. Zeige, daß im nichteuklidischen Dreieck $\left(i, \dfrac{1+i}{2}, \dfrac{-1+i}{2}\right)$ die Mittelsenkrechten keinen Schnittpunkt besitzen.

9. Zeige, daß die beiden nichteuklidischen Dreiecke $(i, 2i, -1+i)$ und $\left(\dfrac{1+i}{2}, \dfrac{4+2i}{5}, \dfrac{3+i}{5}\right)$ kongruent sind.

10. Bestimme die Gleichung des nichteuklidischen Lots von $1 + i$ auf die Gerade $|z - 2| = 1$ und den Fußpunkt des Lots.

§ 10. Nichteuklidische Abstandsmessung

Wir haben jetzt noch zu zeigen, daß in der nichteuklidischen Ebene das Archimedische Axiom D 1) gilt. Nach 5.12 genügt es dazu, jeder nichteuklidischen Strecke eine Länge derart zuzuordnen, daß die Bedingungen $L1)$ und $L2)$ aus § 5 erfüllt sind. Um eine solche Längenfunktion konstruieren zu können, betrachten wir zunächst für

$$z_1 = x_1 + iy_1, \quad z_2 = x_2 + iy_2 \quad (x_k, y_k \in \mathbb{R})$$

aus E die Funktion

$$\delta(z_1, z_2) := \frac{|z_1 - z_2|}{|\bar{z}_1 - z_2|} = \sqrt{\frac{(x_1 - x_2)^2 + (y_1 - y_2)^2}{(x_1 - x_2)^2 + (y_1 + y_2)^2}}\,.$$

Satz 10.1. Für jede nichteuklidische Bewegung β ist

$$\delta(\beta(z_1), \beta(z_2)) = \delta(z_1, z_2)\,.$$

Beweis. Es genügt, dies für Spiegelungen σ_g zu beweisen. Sei σ_g von der Form $\sigma_g(z) = -\bar{z} + 2a$; dann ergibt sich die Behauptung sofort durch Einsetzen in die obige Formel, weil $|z_1 - z_2| = |\bar{z}_1 - \bar{z}_2|$. Es genügt daher auf Grund der Formel (*) aus dem Beweis von 9.9, Spiegelungen σ_g der Form $\sigma_g(z) = \dfrac{r^2}{\bar{z}}$ zu betrachten:

$$\delta(\sigma_g(z_1), \sigma_g(z_2)) = \frac{\left|\dfrac{r^2}{\bar{z}_1} - \dfrac{r^2}{\bar{z}_2}\right|}{\left|\dfrac{r^2}{z_1} - \dfrac{r^2}{\bar{z}_2}\right|} = \frac{|\bar{z}_2 - \bar{z}_1|}{|\bar{z}_2 - z_1|} = \frac{|z_1 - z_2|}{|\bar{z}_1 - z_2|} = \delta(z_1, z_2).$$

Wir werden jetzt für $x \in \mathbb{R}$ die Funktion $\mathrm{tgh}(x)$ benutzen (Tangens hyperbolicus). Es ist

$$\mathrm{tgh}(x) := \frac{e^x - e^{-x}}{e^x + e^{-x}} \quad (x \in \mathbb{R}).$$

Bekanntlich gilt (und ist leicht zu zeigen):

a) tgh ist eine streng monoton wachsende Funktion mit
$$\lim_{x \to -\infty} \mathrm{tgh}(x) = -1, \quad \mathrm{tgh}(0) = 0, \quad \lim_{x \to \infty} \mathrm{tgh}(x) = 1.$$

b) (Additionstheorem)

$$\mathrm{tgh}(x_1 + x_2) = \frac{\mathrm{tgh}(x_1) + \mathrm{tgh}(x_2)}{\mathrm{tgh}(x_1) \cdot \mathrm{tgh}(x_2) + 1}\,.$$

tgh besitzt eine Umkehrfunktion Artgh (Area tangens hyperbolicus), die im Intervall $(-1, +1)$ definiert ist.

Aus der Definition von δ entnimmt man unmittelbar, daß

$$0 \leq \delta(z_1, z_2) < 1 \quad \text{für alle} \quad z_1, z_2 \in E$$

und daß $\delta(z_1, z_2) = 0$ genau dann gilt, wenn $z_1 = z_2$.

Definition 10.2. Für $z_1, z_2 \in E$ heißt

$$d(z_1, z_2) := \operatorname{Artgh}(\delta(z_1, z_2))$$

die *Länge der nichteuklidischen Strecke* $s(z_1, z_2)$ (oder der *nichteuklidische Abstand* von z_1, z_2).

Es ist $0 \leq d(z_1, z_2) < \infty$ für alle $z_1, z_2 \in E$ und $d(z_1, z_2) = 0$ gilt genau dann, wenn $z_1 = z_2$. Nach 10.1 haben kongruente nichteuklidische Strecken die gleiche Länge.

Satz 10.3. $s(z_1, z_2)$ sei eine nichteuklidische Strecke und $z_3 \in s(z_1, z_2)$. Dann gilt

$$d(z_1, z_2) = d(z_1, z_3) + d(z_3, z_2).$$

Beweis. Durch Anwendung einer nichteuklidischen Bewegung können wir erreichen, daß die Strecke $s(z_1, z_2)$ auf der Geraden g mit der Gleichung $\operatorname{Re}(z) = 0$ zu liegen kommt und daß $\operatorname{Im}(z_1) \leq \operatorname{Im}(z_3) \leq \operatorname{Im}(z_2)$ wird. Es genügt daher, den Satz für diesen Fall zu beweisen.

Sei also $z_k = iy_k$ $(y_k \in \mathbb{R}, k = 1, 2, 3)$ mit $y_1 \leq y_3 \leq y_2$.
Dann gilt

$$\operatorname{tgh}(d(z_1, z_2)) = \delta(z_1, z_2) = \frac{y_2 - y_1}{y_2 + y_1}$$

und

$$\operatorname{tgh}(d(z_1, z_3) + d(z_3, z_2)) = \frac{\delta(z_1, z_3) + \delta(z_3, z_2)}{\delta(z_1, z_3) \cdot \delta(z_3, z_2) + 1} = \frac{\dfrac{y_3 - y_1}{y_3 + y_1} + \dfrac{y_2 - y_3}{y_2 + y_3}}{\dfrac{y_3 - y_1}{y_3 + y_1} \cdot \dfrac{y_2 - y_3}{y_2 + y_3} + 1} =$$

$$= \frac{(y_3 - y_1)(y_2 + y_3) + (y_2 - y_3)(y_3 + y_1)}{(y_3 - y_1)(y_2 - y_3) + (y_3 + y_1)(y_2 + y_3)} = \frac{y_2 - y_1}{y_2 + y_1}$$

$$= \operatorname{tgh}(d(z_1, z_2)).$$

Hieraus folgt die Behauptung des Satzes.

Es ist jetzt auch gezeigt, daß die Bedingung $L2)$ aus § 5 erfüllt ist. Sind zwei nichteuklidische Strecken gleicher Länge gegeben, dann können wir sie beide auf einem Strahl abtragen. Aus dem Satz 10.3 und der Tatsache, daß aus $d(z_1, z_2) = 0$ folgt, daß $z_1 = z_2$ ist, ergibt sich dann, daß sie kongruent sind. Somit ist auch $L1)$ und damit D 1) bestätigt.

Wir haben insgesamt gezeigt, daß die Axiome A)−D) gelten, während P) nicht erfüllt ist. Die Existenz einer nichteuklidischen Geometrie ist damit bewiesen:

Satz 10.4. (Gauß, Bolyai, Lobatschewski): Das Parallelenaxiom ist unabhängig von den übrigen Axiomen der euklidischen Geometrie.

Man nennt eine Ebene, in der die Axiome A)–D) erfüllt sind, in der aber P) nicht gilt, eine *hyperbolische Ebene*, die Gesamtheit der in einer solchen Ebene gültigen Sätze die *hyperbolische Geometrie*. Nach 3.20 kann P) nur dadurch verletzt sein, daß es eine Gerade g und einen Punkt P gibt, durch den mehr als eine Parallele zu g geht. Schon Lobatschewski hat (natürlich in anderer Terminologie) gezeigt, daß zwei hyperbolische Ebenen stets isomorph sind als Ebenen mit Strecken und Bewegungen (Def. 3.28), die analoge Aussage für euklidische Ebenen haben wir ja in § 7 bewiesen. Einen Beweis für den hyperbolischen Fall kann man z.B. bei Lenz [15] finden; es werden dort einige Grundkenntnisse aus der projektiven Geometrie vorausgesetzt.

Wir werden im folgenden aus dem Poincaréschen Modell noch einige Tatsachen über nichteuklidische Dreiecke ablesen. Auf Grund des oben erwähnten Satzes über die Isomorphie hyperbolischer Ebenen erhalten wir Aussagen der hyperbolischen Geometrie, die in jedem Modell gültig sind und die man auch aus den Axiomen herleiten könnte.

Die Sätze aus den Paragraphen 1–5 gelten speziell für das Poincarésche Modell, da sie nur aus den Axiomen A)–D) hergeleitet wurden: Insbesondere kann jedem nichteuklidischen Winkel α ein Winkelmaß $w(\alpha)$ zugeordnet werden und es gilt der Satz, daß die Winkelsumme im Dreieck $\leq 2\,R$ ist. Man kann w so wählen, daß $w(\alpha) = w(\alpha^0)$ für jeden nichteuklidischen Winkel α gilt, wobei α^0 der zugehörige euklidische Winkel ist und w auch das euklidische Winkelmaß bezeichnet. Dies ergibt sich sofort aus 9.16.

Es soll nun gezeigt werden:

Satz 10.5. Ist (A, B, C) ein nichteuklidisches Dreieck mit den Innenwinkeln α, β, γ und liegen A, B, C nicht auf einer Geraden, so gilt

$$w(\alpha) + w(\beta) + w(\gamma) < 2\,R.$$

Es genügt, den Satz zu beweisen für den Fall, daß $A = i$ ist, B ebenfalls auf der imaginären Achse liegt, $\mathrm{Im}(B) > 1$ und $\mathrm{Re}(C) > 0$ ist, denn durch Anwendung einer nichteuklidischen Bewegung können wir das gegebene Dreieck in eines mit diesen Eigenschaften überführen:

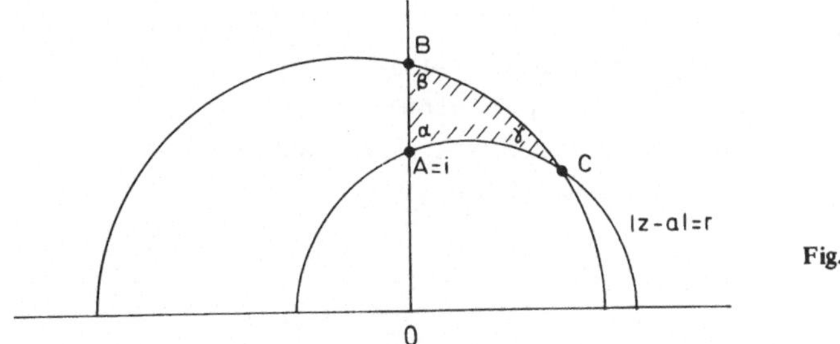

Fig. 94

C. F. Gauß (1777–1850)
J. Bolyai (1802–1860)
N. I. Lobatschewski (1793–1856)
H. Poincaré (1854–1912)

F. Klein
(1849–1925)

D. Hilbert
(1862–1943)

Nach 5.21 gilt $w(\alpha) + w(\beta) + w(\gamma) \leq 2\,R$ und daher ist sicher $w(\alpha) + w(\beta) < 2\,R$. $g(A, C)$ besitze die Gleichung $|z - a| = r$. Dann ist $r = \sqrt{1 + a^2}$, da $A = i$.

Wir betrachten die Gesamtheit aller nichteuklidischen Dreiecke, die im Eckpunkt $A = i$ den Winkel α besitzen und für welche die A gegenüberliegende Seite die imaginäre Achse unter einem zu β kongruenten Winkel in einem Punkt B mit $\mathrm{Im}(B) > 1$ schneidet. Die Gleichungen dieser Seiten werden im folgenden Lemma angegeben:

Wir tragen zunächst β in der Flagge $(A, \tilde{s}, H)$ ab, wobei $\tilde{s}$ der Strahl $(i, 0)$ ist und H die Halbebene $\mathrm{Re}(z) > 0$. Der von $\tilde{s}$ verschiedene Schenkel liege dabei auf der Geraden $|z - b| = s$. Analog wie oben ist dann $s = \sqrt{1 + b^2}$.

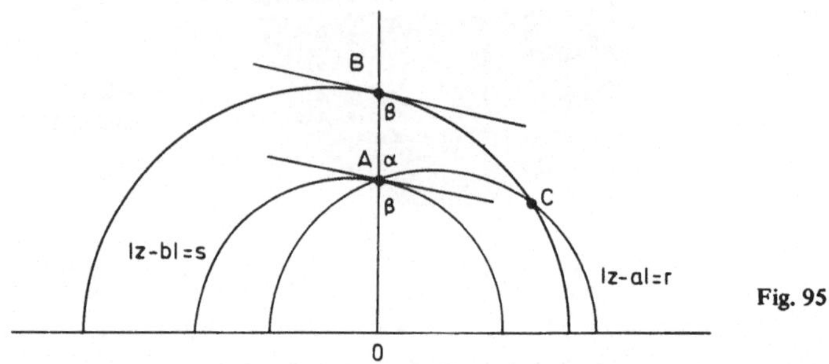

Fig. 95

Lemma 10.6. Für $t \in \mathbb{R}, t \geq 1$ sei g_t die nichteuklidische Gerade mit der Gleichung $|z - tb| = ts$. Dann schneidet g_t die imaginäre Achse im Punkt ti unter einem zu β kongruenten Winkel. Genau dann schneiden sich g_t und $g(A, C)$ in einem Punkt von H, wenn

$$t < \frac{a + r}{b + s}$$

ist.

Beweis. Es ist $|ti - tb| = t\sqrt{1 + b^2} = ts$ und somit $ti \in g_t$. g_t kann aufgefaßt werden als der Graph der Funktion y mit $y(x) := \sqrt{(ts)^2 - (x - tb)^2}$.

$y'(0) = \dfrac{tb}{\sqrt{(ts)^2 - (tb)^2}} = b$ ist unabhängig von t, somit schneidet g_t die imaginäre Achse unter demselben Winkel wie g_1, also unter dem Winkel β.

Der Kreis $|z - tb| = ts$ schneidet die reelle Achse in $tb + ts$. g_t und $g(A, C)$ schneiden sich somit genau dann in einem Punkt C_t mit $\mathrm{Re}(C_t) > 0$, wenn $t \cdot (b + s) < a + r$.

Unter den Geraden g_t kommt insbesondere die Seite $g(B, C)$ des nichteuklidischen Dreiecks (A, B, C) vor, es ist nämlich $g(B, C) = g_{t_0}$, wenn $B = t_0 \cdot i$ ist.

Es soll jedoch weiterhin ein beliebiges nichteuklidisches Dreieck (A, B_t, C_t) betrachtet werden, wobei $B_t := ti$ ist für ein t mit $1 < t < \frac{a+r}{b+s}$ und C_t der Schnittpunkt von g_t mit der Geraden $|z - a| = r$. Der Innenwinkel dieses Dreiecks bei C_t werde mit γ_t bezeichnet.

Daneben betrachten wir das euklidische Dreieck (a, tb, C_t), dessen Innenwinkel bei C_t mit γ_t^0 bezeichnet wird.

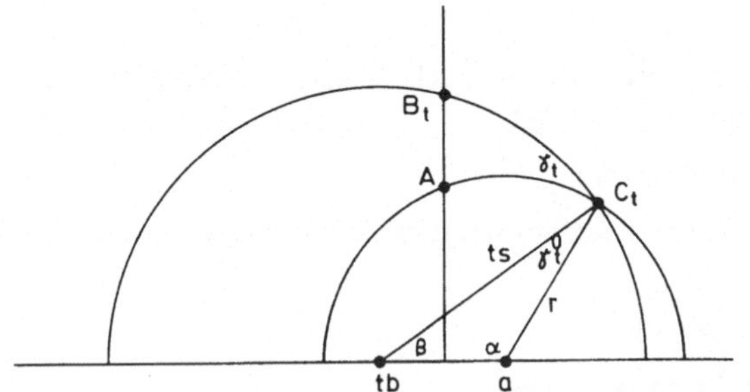

Fig. 96

Es ist dann $w(\gamma_t) = w(\gamma_t^0)$ und durch Anwendung des Cosinussatzes auf das euklidische Dreieck (a, tb, C_t) ergibt sich

$$(a - tb)^2 = r^2 + (ts)^2 - 2\,rst\,\cos\gamma_t^0$$

oder

$$\cos\gamma_t^0 = \frac{t^2 + 2abt + 1}{2\,rst} = \frac{1}{2\,rs}\left(t + \frac{1}{t}\right) + \frac{ab}{rs}\,.$$

Diese Funktion von t ist streng monoton wachsend für $1 \le t \le \frac{a+r}{b+s}$, wie man etwa durch Bilden der Ableitung erkennt. Für $t \to \frac{a+r}{b+s}$ geht $w(\gamma_t^0)$ gegen 0, denn für $t = \frac{a+r}{b+s}$ schneiden sich die Kreise $|z - a| = r$ und $|z - tb| = ts$ auf der reellen Achse im Punkt $a + r$ und beide stehen senkrecht auf der reellen Achse.

Für $t = 1$ erhält man das euklidische Dreieck (b, a, A) mit den Innenwinkeln β', α' und γ_1^0. Dabei ist $w(\alpha') = w(\alpha)$, $w(\beta') = w(\beta)$ und $w(\alpha') + w(\beta') + w(\gamma_1^0) = 2R$.

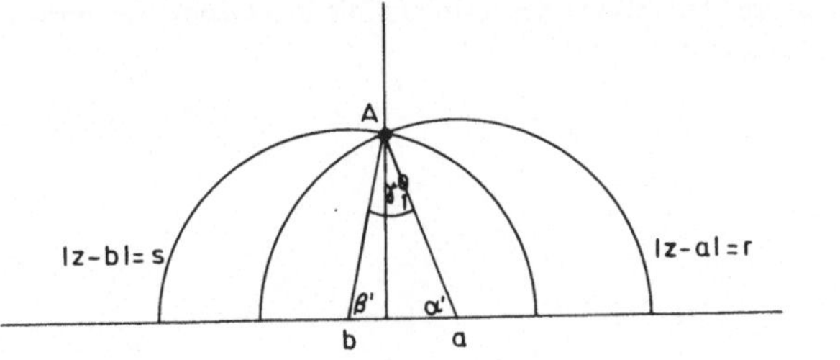

Fig. 97

Aus der Monotonie der Funktion $\cos\gamma_t^0$ ergibt sich nun, daß für $1 < t < \dfrac{a+r}{b+s}$ gilt:

$$0 < w(\gamma_t) < 2R - w(\alpha) - w(\beta),$$

also

$$w(\alpha) + w(\beta) + w(\gamma_t) < 2R.$$

Für $t = t_0$ erhält man die Behauptung von Satz 10.5.

Auf Grund der Stetigkeit der Funktion $\cos\gamma_t^0$ ergibt sich aber noch eine genauere Aussage:

Satz 10.7. Sind α und β zwei nichteuklidische Winkel mit $w(\alpha) \neq 0$, $w(\beta) \neq 0$, $w(\alpha) + w(\beta) < 2R$ und ist $y \in \mathbb{R}$ mit

$$0 < y < 2R - w(\alpha) - w(\beta)$$

gegeben, dann gibt es ein nichteuklidisches Dreieck mit Innenwinkeln α', β', γ', so daß gilt:

$$\alpha' \equiv \alpha, \beta' \equiv \beta, w(\gamma') = y.$$

Je zwei solcher Dreiecke sind kongruent.

Jedes solche Dreieck ist kongruent zu einem der obigen Dreiecke (A, B_t, C_t) mit einem t für das $0 < t < \dfrac{a+r}{b+s}$ gilt; für verschiedene t erhält man nichtkongruente Dreiecke, da $\cos\gamma_t^0$ als Funktion von t im obigen Intervall streng monoton wachsend ist.

Speziell hat man den folgenden *Kongruenzsatz für nichteuklidische Dreiecke*:

Satz 10.8. Sind zwei nichteuklidische Dreiecke mit Innenwinkeln $\alpha_i, \beta_i, \gamma_i$ $(i = 1, 2)$ gegeben, wobei keiner dieser Winkel ein Nullwinkel ist und gilt $\alpha_1 \equiv \alpha_2, \beta_1 \equiv \beta_2$ und $\gamma_1 \equiv \gamma_2$, so sind die Dreiecke kongruent.

Man zeigt dies dadurch, daß man die beiden Dreiecke durch Bewegungen in die spezielle Lage wie das obige Dreieck (A, B, C) bringt (Fig. 94).

Korollar 10.9. Die einzigen Ähnlichkeiten (Def. 6.5) der nichteuklidischen Ebene sind die nichteuklidischen Bewegungen.

Die „Ähnlichkeitslehre" fällt also in der nichteuklidischen Geometrie mit der „Kongruenzlehre" zusammen.

Vorschläge für weitere Studien

In diesem Taschenbuch wurde ein Beweis für die Existenz einer nichteuklidischen Geometrie gegeben; zuletzt haben wir dann noch einige Tatsachen aus dieser Geometrie am Poincaréschen Modell abgelesen. In den folgenden Übungsaufgaben kann man sich davon überzeugen, daß einige klassische Sätze der euklidischen Geometrie in der nichteuklidischen Geometrie nicht mehr gelten.

Natürlich kann man die hyperbolische Geometrie ausführlicher und − ausgehend von Axiomen − ähnlich systematisch entwickeln, wie wir es am Anfang ein Stück weit für die euklidische Geometrie getan haben: Man stützt sich auf die Axiome A) − D) und fügt noch als weiteres Axiom hinzu: P') Es gibt eine Gerade g und einen Punkt P, durch den zwei verschiedene zu g parallele Geraden gehen.

Für eine ausführliche axiomatische Behandlung der hyperbolischen Geometrie werde auf die einschlägigen Lehrbücher verwiesen (z.B. auf Perron [19], Baldus-Löbell [3] oder Lenz [15]). Diese Bücher gehen teilweise von anderen Axiomen aus; der Leser kann zur Übung versuchen, Sätze der hyperbolischen Geometrie im Anschluß an unser bisheriges Axiomensystem abzuleiten.

Ein zum Poincaréschen Modell äquivalentes Modell für die hyperbolische Geometrie ist von F. Klein im Rahmen der projektiven Geometrie angegeben worden: In diesem Modell ist E die Menge der Punkte des Einheitskreises des $\mathbb{R}^2$ und die Geradenmenge besteht aus den Sehnen des Einheitskreises. Ausführliche Behandlungen dieses Modells enthalten z.B. die Bücher von F. Klein [12], Baldus-Löbell [3] und Lenz [15].

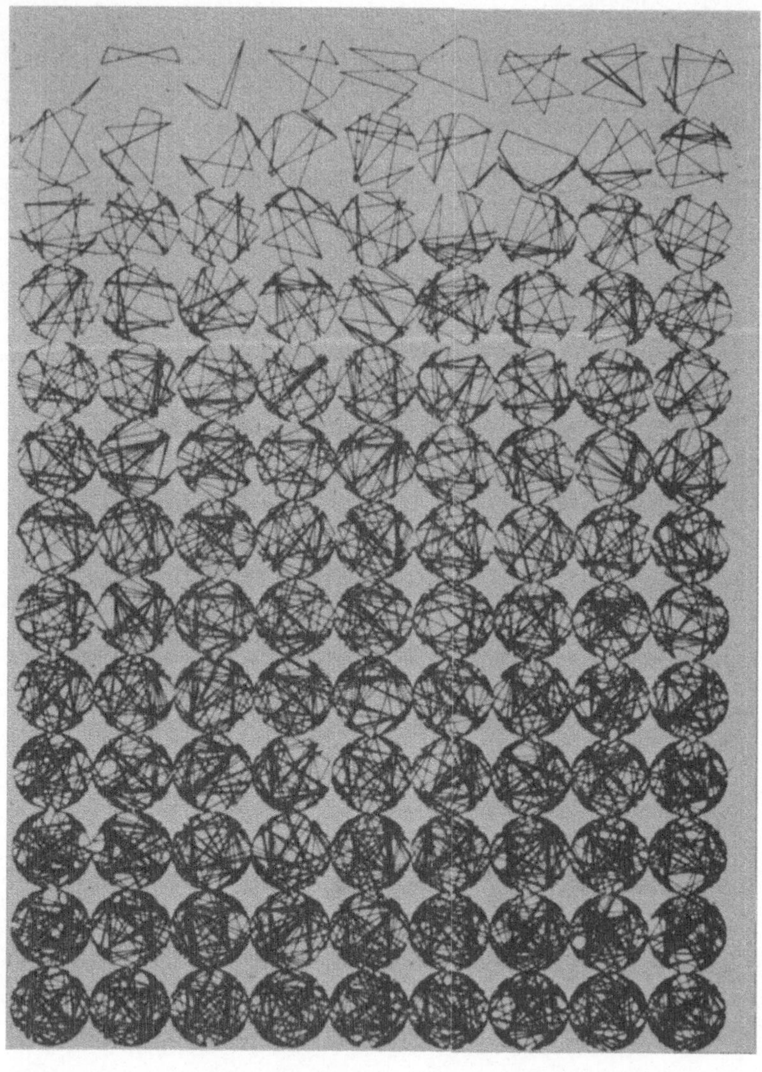

G. Nees: Wachsende Sekantenzahl (1970)
Computergrafik

Übungsaufgaben

1. a) Man zeige, daß das nichteuklidische Dreieck $(i, 5i, 3 + 4i)$ rechtwinklig ist.

   b) a, b seien die (nichteuklidischen) Längen der „Katheten", c die Länge der „Hypotenuse" dieses Dreiecks. Rechne nach, daß $c^2 > a^2 + b^2$.

2. Man beweise, daß ein nichteuklidischer Kreis in der oberen Halbebene auch ein euklidischer Kreis ist, daß aber der euklidische Mittelpunkt immer verschieden ist vom nichteuklidischen Mittelpunkt. Jeder euklidische Kreis, der ganz in der oberen Halbebene liegt, ist auch ein nichteuklidischer Kreis.

3. Die Mittelsenkrechten eines nichteuklidischen Dreiecks (A, B, C) schneiden sich genau dann, wenn der Umkreis des euklidischen Dreiecks (A, B, C) ganz in der oberen Halbebene liegt (vgl. auch § 4, Aufgabe 10. c) und § 9, Aufgabe 8).

4. Bestimme den Inkreis des nichteuklidischen Dreiecks $(i, 2i, 1 + i)$ (Zeichnung!).

5. Zeige, daß der Satz des Thales über Winkel im Halbkreis in der nichteuklidischen Geometrie nicht gültig ist.

6. g sei eine nichteuklidische Gerade und H eine der beiden durch g bestimmten Halbebenen. Ferner sei $\delta \in \mathbb{R}, \delta > 0$ eine vorgegebene Zahl. Man zeige, daß die Menge der Punkte von H, die von g den nichteuklidischen Abstand δ besitzen, *keine* nichteuklidische Gerade ist.
   Um welche Menge handelt es sich, wenn g die Gerade $|z| = 0$ ist?

In der folgenden Aufgabe soll gezeigt werden, daß man ein zur oberen Halbebene isomorphes Modell für die nichteuklidische Geometrie mit Hilfe des Einheitskreises der komplexen Ebene konstruieren kann: *Poincarésches Modell im Einheitskreis.*

7. Die gebrochene lineare Transformation

$$l(z) = \frac{z - i}{-iz + 1}$$

bildet die obere Halbebene E bijektiv auf das Innere des Einheitskreises

$$E' := \{z \in \mathbb{C} \mid |z| < 1\}$$

ab. Dabei werden die nichteuklidischen Geraden abgebildet auf die in E' verlaufenden Kreisbögen, die auf dem Einheitskreis $|z| = 1$ senkrecht stehen (wobei auch die Durchmesser des Einheitskreises als Kreisbögen zählen).

Wählt man diese Kreisbögen als Geradenmenge G', so definiert l einen Isomorphismus $(E, G) \to (E', G')$, der zu einem Isomorphismus von Ebenen mit Strecken und Bewegungen wird, wenn man die Strecken in E' als die Bilder der Strecken aus E und die Bewegungen in E' als die Abbildungen $l \circ \beta \circ l^{-1}$ definiert, wobei β alle Bewegungen von E durchläuft. Die Elemente von G' werden beschrieben durch die Gleichungen $az\bar{z} - \bar{z}_0 z - z_0 \bar{z} + a = 0$ mit $a \in \mathbb{R}, z_0 \in \mathbb{C}$, $|z_0|^2 > a^2$.

8. Für $w_1, w_2 \in E'$ sei der Abstand $d'(w_1, w_2)$ definiert als $d(z_1, z_2)$, wobei $w_i = I(z_i)$ mit $z_i \in E$ $(i = 1, 2)$. Zeige:

$$d'(w_1, w_2) = \operatorname{Artgh} \frac{|w_1 - w_2|}{|\overline{w}_1 w_2 - 1|} \, .$$

Liste der verwendeten Symbole

$:=$	ist definiert als, ist definitionsgemäß gleich
{ }	Menge, bestehend aus
{ | }	Menge aller ... mit der Eigenschaft ...
$\in$	ist Element von, ist enthalten in
$\notin$	ist nicht enthalten in
$\subset$	ist Teilmenge von
$\cap$	Zeichen für den Durchschnitt von Mengen
$\cup$	Zeichen für die Vereinigung von Mengen
$\mathbb{N}$	Menge der natürlichen Zahlen 0, 1, 2, ...
$\mathbb{Q}$	Menge der rationalen Zahlen
$\mathbb{R}$	Menge der reellen Zahlen
(a, b)	offenes Intervall in $\mathbb{R}$ mit den Endpunkten a und b
$\mathbb{C}$	Menge der komplexen Zahlen
$\mathbb{R}_+$	Menge der nichtnegativen reellen Zahlen
ϕ	leere Menge
$M \times N$	kartesisches Produkt der Mengen M und N
M^n	kartesisches Produkt mit n Faktoren M,
	Menge aller n-tupel von Elementen aus M
$M \setminus N$	Komplementärmenge von N in M
$\circ$	Zeichen für die Zusammensetzung von Abbildungen
$\rightarrow$	Abbildungspfeil
$a \mapsto b$	a wird abgebildet auf b, a wird b zugeordnet
$\measuredangle$	Zeichen für Winkel
$\equiv$	ist kongruent zu
$\perp$	steht senkrecht auf
$\parallel$	ist parallel zu
$\bar{z}$	konjugiert-komplexe Zahl zu $z \in \mathbb{C}$
$\lvert z \rvert$	Absolutbetrag von $z \in \mathbb{C}$ (auch: Norm eines Vektors z)
$\mathrm{Re}(z)$	Realteil von $z \in \mathbb{C}$
$\mathrm{Im}(z)$	Imaginärteil von $z \in \mathbb{C}$
$\langle\,,\,\rangle$	Skalarprodukt
$g(A, B)$	Gerade durch die Punkte A, B $(A \neq B)$
$\overline{AB}$	Strecke von A nach B
$\tilde{g}$	Äquivalenz bzgl. einer Geraden g
$\tilde{P}$	Äquivalenz bzgl. eines Punktes P (auf einer Geraden)
σ_g	Spiegelung an der Geraden g
$s(z_1, z_2)$	Nichteuklidische Strecke von z_1 nach z_2 $(z_1 \neq z_2)$

138

Zusammenstellung der im Text als bekannt vorausgesetzten mathematischen Grundbegriffe

A. Aus der Mengenlehre

Menge
Element einer Menge
Teilmenge
Durchschnitt und Vereinigung von Mengen
Komplementärmenge
Kartesisches Produkt von Mengen, n-tupel
Abbildung, identische Abbildung
Verknüpfung auf einer Menge
Injektive, surjektive, bijektive Abbildung
Zusammensetzung von Abbildungen
Umkehrabbildung einer bijektiven Abbildung
Fixpunkt einer Abbildung
Äquivalenzrelation, Äquivalenzklasse
Einschränkung einer Äquivalenzrelation auf eine Teilmenge

B. Aus der (linearen) Algebra

Gruppe
Untergruppe
Abelsche Gruppe
Permutationsgruppe
Gruppenhomomorphismus, Gruppenisomorphismus
Körper, (Schiefkörper)
Teilkörper eines Körpers
Vektorraum über einem Körper, Vektoren
(Skalarprodukt in $\mathbb{R}^n$)
(Norm eines Vektors in $\mathbb{R}^n$)
Lineare Unabhängigkeit von Vektoren
Lineares Gleichungssystem
Matrix, Matrizenmultiplikation
(Rang einer Matrix)
invertierbare Matrix, (Gruppe der invertierbaren Matrizen)
orthogonale Matrix
Determinante
Translation in $\mathbb{R}^n$

C.   *Aus der Analysis*

Zahlenfolge
Unendliche Reihe
Dyadische Entwicklung einer reellen Zahl
Die Zahl π
Intervall in $\mathbb{R}$
Intervallschachtelungsprinzip in $\mathbb{R}$
Limes
Graph einer Funktion
Monoton wachsende Funktion
Stetigkeit
Zwischenwertsatz
Ableitung einer differenzierbaren Funktion
Elementare Funktionen: rationale Funktion, Wurzelfunktion, Exponential-
funktion, Trigonometrische Funktionen, Tangens hyperbolicus
Kurve in $\mathbb{R}^2$, Parameterdarstellung
Tangente an eine Kurve, Tangentenvektor
(Jacobische Matrix einer differenzierbaren Abbildung)

Die obigen Begriffe werden behandelt in den rororo-vieweg-Taschenbüchern von
G. Fischer [8] und O. Forster [9]. Von den eingeklammerten Begriffen wird im Text
nur in unwesentlicher Weise Gebrauch gemacht.

Lösung der Schachaufgabe § 3, 6.

In der angegebenen Stellung gibt es bei der üblichen Konvention, daß die weißen Bauern von unten nach oben ziehen, zunächst kein Matt in einem Zug. Da auf dem Schachbrett das Feld h1 weiß ist, im Diagramm aber schwarz, muß das Brett um 90 Grad gedreht werden.

a) Drehung im Uhrzeigersinn:

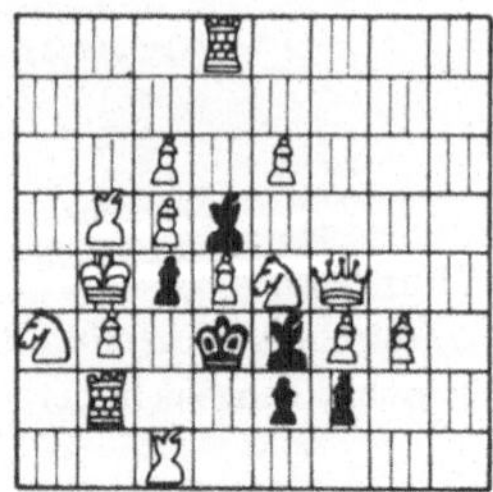

Es scheint jetzt De3 matt möglich zu sein. Im Sinne des Problemschachs ist dies jedoch nur eine „Verführung". Tatsächlich ist die obige Stellung nicht „partiemöglich". Welches sollte der letzte schwarze Zug gewesen sein?

b) Drehung gegen den Uhrzeigersinn:

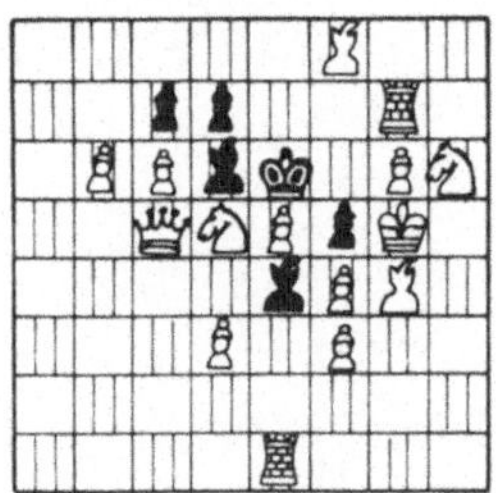

In dieser Stellung kann der letzte Zug von Schwarz nur f7 − f5 gewesen sein. Es folgt e5 x f6 en passant, matt.

Die Lösung der Aufgabe lautet somit: Das Schachbrett ist um 90° gegen den Uhrzeigersinn zu drehen. Der Lösungszug ist dann e5 x f6 en passant, matt!

Literaturhinweise

Das folgende Literaturverzeichnis enthält die Titel, auf die im Text Bezug genommen wird oder durch die der Autor bei der Vorbereitung des Textes beeinflußt wurde.
Es handelt sich nur um eine kleine Auswahl aus dem umfangreichen Schrifttum zu unserem Gegenstand, z.B. enthält die Lehrbuchsammlung der Universität Regensburg unter dem Stichwort „Klassische Geometrie" rund 250 Titel, Originalarbeiten in mathematischen Zeitschriften sind dabei natürlich nicht mitgerechnet.

[1] *E. Artin:* Geometric algebra. Princeton 1957.

[2] *F. Bachmann:* Aufbau der Geometrie aus dem Spiegelungsbegriff. Berlin–Göttingen–Heidelberg 1959.

[3] *R. Baldus, F. Löbell:* Nichteuklidische Geometrie. Berlin 1953.

[4] *C. Caratheodory:* Funktionentheorie. Basel–Stuttgart 1960.

[5] *P. Dembowski:* Finite geometries. Ergebnisse der Mathematik Bd. 44. Berlin–Heidelberg–New York 1968.

[6] *A. Dürer:* Unterweisung der Messung mit dem Zirkel und dem Richtscheit. Nürnberg 1525.

[7] *Euklid:* Die Elemente. Übersetzung von C. Thaer. 5 Bde. Leipzig 1933–1937.

[8] *G. Fischer:* Lineare Algebra. rororo-vieweg.

[9] *O. Forster:* Analysis 1 und 2. rororo-vieweg.

[10] *R. Hartshorne:* Foundations of projective geometry. New York 1967.

[11] *D. Hilbert:* Grundlagen der Geometrie. 10. Auflage. Stuttgart 1968.

[12] *F. Klein:* Vorlesungen über nicht-euklidische Geometrie (Nachdruck). Berlin–Heidelberg 1967.

[13] *W. Klingenberg:* Grundlagen der Geometrie. Mannheim 1971.

[14] *K. Knopp:* Elemente der Funktionentheorie. 3. Auflage. Berlin 1954.

[15] *H. Lenz:* Nichteuklidische Geometrie. Mannheim 1967.

[16] *R. Lingenberg:* Grundlagen der Geometrie I. Mannheim 1969.

[17] *H. Meschkowski:* Grundlagen der Euklidischen Geometrie. 2. Aufl. Zürich 1974.

[18] *H. J.* und *Th. Nastold:* Begründung der euklidischen Geometrie mit Hilfe von Abbildungen. Schriftenreihe des Math. Inst. der Universität Münster, Heft 21.

[19] *O. Perron:* Nichteuklidische Elementargeometrie der Ebene. Stuttgart 1962.

[20] *G. Pickert:* Ebene Inzidenzgeometrie. Frankfurt/M.–Hamburg 1958.

[21] *I. Toth:* Das Parallelenproblem im Corpus Aristotelicum. Arch. History of Exact Sciences 3. (1966/67), 249–422.

[22] *I. Toth:* Non-Euclidian geometry before Euclid. Scientific American 221 (1969), 87–98.

Quellennachweis der Bilder

Seiten IX und 91
Aus M. Salmi: Raffaelo, Vol. 1. Istituto Geografico de Agostini, Novara.
Mit freundlicher Genehmigung der Vatikanischen Museen

Seiten 1 und 6
Aus A. Dürer: Unterweisung der Messung mit dem Zirkel und Richtscheit. Faksimiledruck nach der Urausgabe von 1525. Hrsg. von A. Jaeggli, Bibliothek der ETH, Zürich.
Mit freundlicher Genehmigung des Germanischen Nationalmuseums, Nürnberg

Seite 18
Aus L. C. Jaffé; Piet Mondrian. M. DuMont Schauberg, Köln.
Mit freundlicher Genehmigung der Kröller-Müller Stichting, Otterlo

Seite 38
Aus Indien (Länder und Völker. Enzyklopädie für Geographie, Geschichte, Kunst, Kultur, Sitten und Bräuche). Hrsg. Kunstkreis-Buchverlag W. Schweizer, Luzern

Seite 43
Aus Paul Klee und seine Malerfreunde. Die Sammlung Felix Klee. Verlag Aurel Bongers, Recklinghausen.
Mit freundlicher Genehmigung von COSMOPRESS, Genf.
(Copyright 1975 by COSMOPRESS, Genf)

Seite 56
Aus H. Glück und E. Dietz: Die Kunst des Islam. Propyläen Verlag, Berlin.
Mit freundlicher Genehmigung des F. Bruckmann Verlags, München

Seite 82
Aus Baukunst und Musik. Kalender-Sonderausgabe des „Heidelberger Portländer".
Mit freundlicher Genehmigung der Portland-Zementwerke, Heidelberg

Seite 110
Aus S. Alexandrian: Max Ernst. Rembrandt Verlag, Berlin.
Mit freundlicher Genehmigung von COSMOPRESS, Genf.
(Copyright 1975 by SPADEM, Paris, und COSMOPRESS, Genf)

Seite 129
Aus C. Reid: Hilbert. Springer-Verlag, Berlin / Heidelberg / New York.
Mit freundlicher Genehmigung des Springer-Verlags, Heidelberg

Seite 134   Computergrafik von G. Nees mit Siemens Datenverarbeitungs-
            anlage. Aus H. W. Franke und G. Jäger: Apparative Kunst.
            M. DuMont Schauberg, Köln.
            Mit freundlicher Genehmigung der Siemens AG, München

Seite 147   Aus G. di San Lassaro: Paul Klee. Droemer-Knaur,
            München / Zürich.
            Mit freundlicher Genehmigung von COSMOPRESS, Genf.
            (Copyright 1975 by COSMOPRESS, Genf)

Sachregister

Kurzbiographie des Autors

Geboren am 10.3.1933 in Heidelberg. Studium 1953–57, Promotion 1959 und Habilitation 1963 an der Universität Heidelberg. Danach Gastaufenthalte an der Universität München, der Purdue-University und der Louisiana State University, USA. Seit 1969 ordentlicher Professor an der Universität Regensburg.
Der Forschungsschwerpunkt des Autors ist Algebra und algebraische Geometrie.

P. Klee: Der gefundene Ausweg (1935)

«Wie groß auch seine Armut war ...

so hatte er bis dahin eigentlich noch nicht empfunden, daß sein ungeordnetes Verschwenden der früheren Reichtümer ihn Mangel leiden ließ. Diesen Morgen aber, als es ihm an allem gebrach, um die Dame zu ehren, der zuliebe er einst Unzählige bewirtet und geehrt hatte, erkannte er zuerst seine Dürftigkeit. In der peinlichsten Herzensangst lief er wie außer sich hin und her und verwünschte sein Schicksal, als er weder Geld vorfand noch irgend etwas, das er hätte verpfänden können . . .

Da fiel ihm sein guter Falke in die Augen, der im Eßzimmer auf seiner Stange saß, und wie er sonst nirgends einen Ausweg zu entdecken vermochte, faßte er ihn und erachtete das edle Tier, als er es wohlgenährt fand, für eine Speise, die einer solchen Dame würdig sei. Und ohne sich weiter zu besinnen, drehte er ihm den Hals um . . .»

So geschehen in der neunten Geschichte des fünften Tages des Dekameron. Und natürlich heiratete die so bewirtete Dame den Falkenkoch, denn sie zog «den Mann, der des Reichtums entbehrt, dem Reichtume vor, der des Mannes entbehrt». Und so fand Federigo eine außerordentliche Gattin nebst außerordentlichem Vermögen.

Summa summarum: In Büchern und Briefen kommt einer leichter zu Geld als mit Büchern und Briefen, es seien denn Sparbücher und Pfandbriefe.